Urs Dürsteler

Berufliche Neuorientierung mit 45plus – Das Dreistufenmodell

Haupt

Urs Dürsteler

Berufliche Neuorientierung mit 45plus – Das Dreistufenmodell

Haupt Verlag

Urs Dürsteler hat auf dem zweiten Bildungsweg Ökonomie studiert und an der Universität St. Gallen promoviert (Dr.oec.HSG), wo er sieben Jahre für das Nationale Forschungsprogramm «Regionalprobleme» des Schweizerischen Nationalfonds tätig war. Auslandsaufenthalte über insgesamt fünfzehn Jahre in Nepal, den USA, Bhutan, Israel und Spanien haben ihm neben unterschiedlichsten beruflichen Erfahrungen auch menschlich, kulturell und sprachlich neue Welten erschlossen. Als langjähriger Prorektor der HWZ Hochschule für Wirtschaft Zürich hat er zudem viele Studien- und Karriereberatungsgespräche geführt. Sein dreijähriger Aufenthalt als Visiting Senior Research Scholar an der University of California in San Diego (UCSD), wo er sich in einem dreisemestrigen Studium zum Certified California Career Advisor weitergebildet hat, ergänzt seinen vielfältigen Erfahrungshintergrund in der Laufbahnberatung.

1. Auflage: 2023

978-3-258-08334-6 (Print)
978-3-258-48334-4 (E-Book)

Gestaltung und Satz: Die Werkstatt Medien-Produktion, D-Göttingen
Korrektorat: Monika Paff, D-Langenfeld

Wir verwenden FSC®-zertifiziertes Papier. FSC® sichert die Nutzung der Wälder gemäß sozialen, ökonomischen und ökologischen Kriterien.
Gedruckt in Deutschland

Diese Publikation ist in der Deutschen Nationalbibliografie verzeichnet.
Mehr Informationen dazu finden Sie unter http://dnb.dnb.de.

Der Haupt Verlag wird vom Bundesamt für Kultur für die Jahre 2021–2024 unterstützt.

Wir verlegen mit Freude und grossem Engagement unsere Bücher. Daher freuen wir uns immer über Anregungen zum Programm und schätzen Hinweise auf Fehler im Buch, sollten uns welche unterlaufen sein. Falls Sie regelmässig Informationen über unsere aktuellen Titel erhalten möchten, folgen Sie uns über Social Media oder bleiben Sie via Newsletter auf dem neuesten Stand.

www.haupt.ch

Management Summary

«Das Leben ist wie Fahrrad fahren, um die Balance zu halten, musst du in Bewegung bleiben.»
Albert Einstein

Eine berufliche Neuorientierung mit 45plus kann verschiedene Gründe haben. Im Alter zwischen 40 und 50 Jahren geraten viele Leute in eine Midlife-Krise und oftmals auch in eine Midwork-Krise, weil sie von ihrem Berufsalltag genug haben und eine neue Herausforderung suchen. Andere werden aus unterschiedlichsten Gründen durch ihre Arbeitgeber freigestellt oder haben innerlich («quiet quitting») oder sogar proaktiv selber gekündigt. Eine wichtige Gruppe bilden Mütter (zum Teil auch Väter), die nach ihrer Familienpause eine neue berufliche Tätigkeit suchen. Schliesslich sind viele Frühpensionierte und Rentnerinnen und Rentner zunehmend interessiert, ihre dritte Lebensphase mit einer sinnstiftenden Beschäftigung zu ergänzen. Für alle angesprochenen Gruppen stellt sich dieselbe Grundsatzfrage: «Wie finde ich eine befriedigende Tätigkeit, die auf meine persönlichen Werte, Interessen und Bedürfnisse abgestimmt ist und mich letztlich glücklich macht?»

Das im Rahmen dieser Publikation entwickelte Dreistufenmodell enthält die verschiedenen Phasen für eine berufliche Neuorientierung mit 45plus. Am Anfang steht die konstruktiv selbstkritische und prozessorientierte Reflexion der eigenen Persönlichkeit, die vorteilhaft mit Meinungen einer oder mehrerer Vertrauenspersonen oder eines professionellen Coaches ergänzt werden sollten. Der vorgestellte Ansatz verlangt Ehrlichkeit gegenüber sich selber sowie die Voraussetzung, das Leben positiv und proaktiv anzugehen. Weiter wird die Bereitschaft vorausgesetzt, allfälligen beruflichen Ballast abzuwerfen und eine Offenheit für Neues und Unbekanntes zu versuchen, sowie der Wille, die eigene Komfortzone zu verlassen. Die erworbenen Kenntnisse dienen als Basis für die Entwicklung eines beruflichen Prototyps, um letztlich das zukünftige Lebensmodell zu gestalten. Nach diesem Prozess werden die Weichen gestellt, ob die Zukunft als Arbeitnehmender, als Selbstständigerwerbender im Sinne eines Start-ups oder als hybrides Arbeitsportefeuille gestaltet werden soll. Dabei werden wertvolle Tipps für eine Bewerbung mit 45plus aufgezeigt, und es werden erfolgversprechende Hinweise und Referenzierungen für die Gründung eines eigenen Unternehmens oder Start-ups dargestellt.

Wichtig bei diesem dreistufigen Modell ist die Grundannahme, dass die Altersgruppe 45plus das Leben selbst in die Hand nimmt und selbstbewusst, neugierig und positiv in die Zukunft schaut. Selbstverständlich können sich zwischendurch auch Straucheln oder sogar Versagen einstellen. Erfolge und Enttäuschungen sind wichtige Bausteine für die schrittweise und prozessuale Gestaltung der Zukunft. Dieser vielfältige Prozess wird mit dem Hinweis auf viele ausgewählte Trugschlüsse und mit thematisch relevanten Übungen in den einzelnen Orientierungsphasen unterstützt.

Inhaltsverzeichnis

Vorwort

Das Berufsleben begleitet uns tagtäglich, löst Gefühle aus und beeinflusst uns positiv wie negativ in unterschiedlichen Situationen, und zwar unabhängig davon, in welcher Lebensphase wir uns befinden. Bei einigen Berufen ergeben sich mit der Zeit auch physische und/oder psychische Abnützungserscheinungen, vielfach bewusst wahrgenommen, aber oftmals auch verdrängt. Eine berufliche Neuorientierung bedingt immer einen gewissen Leidensdruck wie Freistellung, Krankheiten, Frustrationen am Arbeitsplatz, Wunsch nach Veränderung und vieles mehr. Die Reaktionen auf solche Situationen zwingen den Einzelnen, sich über den Beruf und das Leben grundsätzlich und verbindlich Gedanken zu machen. Es gibt viele Beispiele, bei denen eine Person bewusst und proaktiv einen beruflichen Neuanfang ins Auge fasst, um neue Herausforderungen zu erkunden. Unabhängig von der Motivation gibt es einige grundsätzliche Muster und Vorgehensweisen, wie eine berufliche Neuorientierung angepackt werden kann. Dabei müssen Kopf und Bauch in unterschiedlicher Intensität bei der Entscheidungsfindung miteinbezogen werden.

Diese Publikation wurde durch verschiedene Personen und sehr unterschiedlich erlebte eigene Erfahrungen inspiriert, beispielsweise durch meine insgesamt fünfzehnjährigen Auslandserfahrungen in Nepal, den USA, Bhutan, Israel und Spanien und durch meine langen Erfahrungen als Prorektor bei der Beratung von Studierenden sowie Erwachsenen in ihrer Studien- und letztlich Karriereplanung an der HWZ Hochschule für Wirtschaft Zürich. Oftmals konnte ich aufgrund meiner eigenen Biografie und der vertieften Kenntnisse der Abhängigkeiten zwischen dem Arbeitsmarkt und dem Kompetenzprofil der Ratsuchenden – ergänzt durch mein Bauchgefühl – wertvolle Hinweise für deren berufliche Zukunftsplanung geben. Augen öffnend für mich war in diesem Zusammenhang mein dreijähriger Aufenthalt als Visiting Senior Research Scholar an der University of California San Diego (UCSD), wo ich mich intensiv mit Karriereplanung auseinandergesetzt habe. Das Absolvieren des dreisemestrigen Studiengangs California Certified Career Advisor an der UCSD sowie die vertiefte Auseinandersetzung mit den Publikationen von Bill Burnett und Dave Evans (Standford University) zu den Themen «Designing your Life (2016)» und «Designing your Work Life (2020)» haben mich inspiriert. Einige Erkenntnisse aus Kalifornien wurden mit einer kritischen Brille auf die schweizerische Situation übertragen.

An dieser Stelle danke ich einer fast endlosen Anzahl von Personen, die mich in irgendwelcher Form auf meinem Lebensweg inspiriert, bewusst oder auch unbewusst als private oder berufliche Weichenstellerinnen oder Weichensteller in entscheidenden Situationen begleitet und geprägt haben. Im Speziellen möchte ich meine Frau Nadia erwähnen, die mich mit viel Geduld bei der Entwicklung dieser Publikation unterstützt hat. Aber auch unsere drei Söhne Simon, Joël und Elijah verdienen meine Anerkennung für ihre Nachsicht, immer wieder mit dem gleichen Thema am Familientisch konfrontiert worden zu sein.

Winterthur, im März 2023
Urs Dürsteler

Eine berufliche Neuorientierung mit 45plus

1

Eine berufliche Neuorientierung in der Mitte des Berufslebens, das heisst ungefähr ab einem Alter von 40 Jahren, kann verschiedene Ursachen haben. Eine wichtige Gruppe beinhaltet Personen, welche ab Mitte 40 aus den unterschiedlichsten Gründen ihre Anstellung verlieren und arbeitslos werden und somit eine neue berufliche Herausforderung suchen. Ebenfalls kann als Folge einer Midlife-Krise beziehungsweise Midwork-Krise die Begeisterung für eine berufliche Tätigkeit in Ernüchterung oder sogar Frustration wechseln. Im Weiteren suchen viele Frauen (und weniger auch Männer) nach einer Baby- beziehungsweise Familienpause einen Wiedereinstieg in den beruflichen Alltag. Schliesslich kommt auch eine Gruppe aktiver Rentnerinnen und Rentner hinzu, die nach Erreichen ihres Pensionsalters beruflich in einem gewissen Ausmass engagiert bleiben wollen.

Alle erwähnten Gruppen verbinden gewisse Gemeinsamkeiten, aber auch grundsätzliche Unterschiede bei der Suche nach beruflicher Neuorientierung. Hinzu kommt, dass das Arbeitsverständnis unmittelbar nach der Covid-Pandemie im Wandel ist. Mittel- beziehungsweise längerfristige Auswirkungen möglicher Arbeitsmodelle sind zurzeit schwierig abzuschätzen. Jedoch ist zu vermuten, dass die Arbeitsmodelle der «White Collar Jobs» sicher nicht mehr so sein werden wie vor Covid.

Unabhängig von Grund und jeweiliger Einzigartigkeit stehen bei allen sozialen Gruppen bei einer Neuorientierung mit 45plus ähnliche Fragestellungen und Vorgehensweisen an. Oder mit anderen Worten: Wie und in welchem Ausmass soll Einkommen generiert oder inwiefern mehr persönliche Sinngebung geschaffen werden (Alboher Marci, 2013)? In einem amerikanischen Kontext wird von einer «encore»-Career gesprochen, wobei bei diesem Ansatz letztlich alle möglichen Zukunftsoptionen enthalten sein können. Eine «encore»-Karriere ist somit eine Karriere in der zweiten Hälfte des Berufslebens, die Einkommen generiert, mehr persönliche Werthaltigkeit und Befriedigung bringt sowie Wirkung auf die Gesellschaft haben kann (Friedman Marc, 2008).

1.1 Die beruflichen Herausforderungen

Der Traum von oder die Suche nach einer interessanten und erfüllenden Beschäftigung für die Altersgruppe 45plus sind sehr vielfältig. Somit fallen auch mögliche Laufbahnmodelle und Empfehlungen sehr unterschiedlich und gleichzeitig auch komplex aus. Dabei spielen die sozioökonomische und -kulturelle Herkunft, der Bildungs- und Weiterbildungshintergrund, die Gesundheitssituation der Arbeitsuchenden, die eigene Mobilität, familiäre Faktoren sowie bei nicht oder wenig digitalisierbaren Funktionen die regionale Wirtschaftsstruktur unter anderem eine bedeutende Rolle. Jeder Fall ist einzigartig in der Sache. Die in dieser Publikation vorgestellte Vorgehensweise ist für die meisten Personen relevant, im Speziellen für die Generation 45plus, wobei der Ansatz auf die spezifischen Bedürfnisse und Umstände der einzelnen Personen jeweils abgestimmt werden muss.

Aus dieser Ausgangslage stellt sich folgende Kernfrage:

Welche persönlichen, beruflichen und umfeldbedingten Auseinandersetzungen sind mit 45plus notwendig, um zu entscheiden, ob die professionelle Zukunft in einem Job, in einer neuen Karriere oder in einer sinnstiftenden Berufung geplant und umgesetzt werden soll?

1.2 Zielsetzungen und inhaltliche Abgrenzungen

Aufgrund eines eingehenden Studiums des schweizerischen und kalifornischen Beschäftigungs- beziehungsweise Berufsmodells von Personen der Generation 45plus stehen folgende Zielsetzungen im Vordergrund:

- Aufbereitung relevanter Informationen und Daten zur Situation von qualifizierten Personen 45plus bei Arbeitslosigkeit, in einer Midwork-Krise, nach einer Familienpause und im Pensionsalter,

- Bedeutung der eigenen Biografie für die persönliche und berufliche Entwicklung sowie die daraus abgeleiteten Präferenzen,
- Entwicklung eines anwendungsorientierten, praxisnahen und erfolgreichen Dreistufenmodells als Basis für die berufliche Neuorientierung mit 45plus, sowie
- verschiedene Empfehlungen für einen beruflichen Neustart.

Das Thema der Suche nach einer Neuorientierung der Generation 45plus ist sehr vielfältig. Aus diesem Grund werden auch einige inhaltliche Abgrenzungen vorgenommen:

- Die vorliegende Publikation orientiert sich an Personen mit einem soliden Ausbildungs- und Erfahrungshintergrund, die ihre berufliche Betätigung aus den unterschiedlichsten Gründen neu gestalten wollen.
- Das Geschlecht ist für eine berufliche Neuorientierung auf dem Arbeitsmarkt mit 45plus nicht unwesentlich. Wenn immer möglich, werden alle Geschlechter angesprochen, obschon die Situation für die angesprochenen Personen unterschiedlich ist, sei dies unter anderem aufgrund des beruflichen Erfahrungshintergrundes, genderspezifischer Unterschiede und/oder der psychosozialen Diversität.
- Die vorliegende Publikation versteht sich als Orientierungshilfe basierend auf vielen relevanten Quellen und praktischen Anwendungserfahrungen. Die verwendete Sprache soll verständlich, praxisnah und umsetzungsorientiert sein.
- Auf die wertvollen Dienstleistungen der Regionalen Arbeitsvermittlungszentren (RAV) und andern Organisationen bei der Wiedereingliederung von Arbeitslosen wird in dieser Publikation nicht eingegangen, weil diese Kohorte lediglich eine der vier Gruppen ausmacht. Allenfalls kann die vorliegende Publikation komplementär verwendet werden.
- Eine Vielzahl von Themen in der vorliegenden Diskussion wird nicht oder nur am Rande angesprochen, wie beispielsweise psychologische und gesundheitsbedingte Probleme bei Entlassungen, psychosoziale Herausforderungen bei einer beruflichen Neuorientierung oder Wiedereinstieg nach einer Familienpause, Vereinbarung von Beruf und Familie, rechtliche Aspekte, Bedeutung der Pensionskasse bei Stellenwechsel oder Beratung für Sozialleistungen und Weiterbildungsmöglichkeiten bei Arbeitslosigkeit.
- Der Hauptfokus der Diskussion zu einer beruflichen Neuorientierung orientiert sich an den Verhältnissen in der Schweiz. Ein Vergleich mit

weiteren deutschsprachigen Ländern wird aus inhaltlichen und methodologischen Gründen nicht vorgenommen, obschon einige Erkenntnisse durchaus von überregionaler Bedeutung sind.
- Schliesslich werden Themen wie beispielsweise die Erstellung eines Businessplans oder die Entwicklung eines attraktiven Lebenslaufs nicht erschliessend behandelt, sondern es wird auf Plattformen mit dem Anspruch von Best Practice verwiesen.

1.3 Methodische Vorgehensweise

Die angewendete Vorgehensweise bei der Aufbereitung der verschiedenen Themen beinhaltet folgende Ansätze:
- Es wurde eine umfassende themenspezifische Quellenanalyse vorgenommen und aufbereitet, wobei die Analyse verschiedenartigste deutsche und englischsprachige Bibliografien, wie Bücher, Fachjournale, Tageszeitungen, Fernseh- und Radiosendungen, nicht publizierte Studien und digitale Medien enthält.
- Unendlich viele Gespräche mit Einzelpersonen und Fachexperten wurden geführt.
- Schliesslich hat sich der Autor im Rahmen seines Aufenthaltes als Visiting Senior Research Scholar an der University of California San Diego (UCSD) in einem dreisemestrigen Studium zum California Certified Career Advisor weitergebildet. Dabei sind viele zusätzliche Erkenntnisse aus der Diskussion mit den Dozierenden, Blogs mit den Mitstudierenden und vom Thema betroffenen Personen in diese Publikation eingeflossen. Mit dem Thema «Employability of an Aging Generation» beschäftigte sich der Autor in seiner Zertifikatsarbeit.

Eine praktische Plausibilisierung der theoretischen Erkenntnisse wurde anhand von einigen ausgewählten, aber auch vielen spontanen Interviewpartnerinnen und -partnern in unterschiedlichsten Settings vorgenommen, wie beispielsweise:
- eine über 20-jährige Erfahrung als Prorektor / Studiengangsleiter auf Master-, Bachelor- und Weiterbildungsstufe Stufe der HWZ Hochschule für Wirtschaft Zürich,
- unzählige strukturierte und wenig strukturierte Gespräche mit Betroffenen und Beobachtungen aus dem privaten und beruflichen Alltag,

- viele persönliche Gespräche und E-Mail-Kontakte mit Fachleuten wie öffentliche und private Stellenvermittlungsorganisationen, Headhunter, Personalberatern und diversen Mitgliedern der Faculty der University of California San Diego (UCSD) zu den Themen Karriereberatung, Weiterbildung, berufliche Neuorientierung, Life Long Learning, Wiedereingliederung, Zufriedenheit am Arbeitsplatz und Sehnsüchte, sowie
- eine Vielzahl von Workshops und Beratungsgesprächen in der Schweiz zum Thema «berufliche Standortbestimmung und Neuorientierung».

2 Gründe für eine berufliche Neuorientierung mit 45plus

Warum sich jemand mit 45plus beruflich neuorientieren kann, muss oder darf, hat verschiedene Gründe. Bei der Beantwortung dieser Frage ist auch die Generationszugehörigkeit von Bedeutung, wobei sich durchaus gewisse Grundmuster erkennen lassen.

2.1 Die angesprochene Zielgruppe 45plus

Es lassen sich grundsätzlich zwei unterschiedliche Generationen im Rahmen dieser Publikation zuordnen, wobei in diesem Alterssegment vier unterschiedliche Zielgruppen angesprochen werden. Es sind dies die Generation der Babyboomer sowie Teile der Generation X. Die beiden weiteren Generationen Y und Z sind nachfolgend als Referenzgenerationen aufgeführt, um den Wandel und die Wertigkeit in der Suche nach Happiness in der beruflichen Tätigkeit anzudeuten. Obschon die nachfolgende Alterstypologisierung sehr allgemein verfasst ist, lassen sich einige Grundmuster ableiten.

2.1.1 Typologisierung der Generationen

Aufgrund der Definition des Alters werden in dieser Publikation hauptsächlich die Babyboomer sowie Teile der Generation X angesprochen.

Die Generation Babyboomer (1946–1964)

Die Generation Babyboomer, unabhängig von der beruflichen Qualifikation und des bildungsmässigen Hintergrunds, ist mit verschiedenen Herausforderungen bei einer beruflichen Neuorientierung konfrontiert. Babyboomer haben die Arbeit in den Mittelpunkt ihres Lebens gestellt (Workaholics), sind aber oftmals offen, sich zu «entschleunigen», da ihre Pensionierung in greifbare Nähe gerückt oder bereits erfolgt ist. Ihre Motivation ist persönliches Wachstum, gebraucht zu werden und für ihre Erfahrungen geschätzt zu werden. In der Regel versucht der Einzelne das Problem individuell, mit einer Person des Vertrauens, in Erfahrungsgruppen oder mit einem Coach zu lösen.

Die Generation X (1965–1979)

Bei der Generation X stellt sich neben einer ungewollten Arbeitslosigkeit auch das Thema der Midwork-Krise. Verallgemeinernd kann diese Kohorte als ergebnisorientiert, technisch versiert und mit dem Streben nach einer hohen Lebensqualität umschrieben werden. Darin enthalten sind eine hohe Freiheit in der Arbeitsgestaltung, Entwicklungsmöglichkeiten und eine Work-Life-Balance (Absolventa, 2019). Inwiefern eine Neuorientierung für die zweite berufliche Lebenshälfte motivierend wirken kann, um ein mögliches «innerliches Ausbrennen» zu verhindern oder mindestens zu mildern, ist ein Kernanliegen dieser Alterskohorte.

Die Generation Y (1980–1994)

Die Generation Y, auch Millenials genannt, sind in ihrer Jugendzeit durch einen wirtschaftlichen Aufschwung geprägt worden. Sie zeichnet sich unter anderem durch eine oftmals gute Schulbildung sowie einen IT-affinen Lebensstil aus. Technik ist aus ihrem Leben nicht mehr wegzudenken. Eine eigene Familie zu gründen hat grosse Priorität. Die Gleichberechtigung zwischen Mann und Frau ist für die Generation Y selbstverständlich. Der hohe Stellenwert einer Work-Life-Balance oder einer Arbeitssouveränität ist nicht nur ein Wunsch, sondern auch ein Statussymbol. In Social-Media-Netzwerken hat diese Generation viel Zeit und Energie investiert (Schnetzer Simon, 2022). Eine grundsätzliche Auseinandersetzung mit ihrer zweiten beruflichen Lebenshälfte steht der Generation Y noch bevor.

Die Generation Z (1996–2010)

Die Generation Z, auch als «Digital Kids» bezeichnet, hat eine unterschiedliche Einstellung zur beruflichen Tätigkeit. Das Credo «Du bist, was du arbeitest» schickt sich schon lange nicht mehr. Es gilt, etwas plakativ und verallgemeinernd ausgedrückt, seine Arbeitsziele zu erreichen ohne sie zu übertreffen, und so lange zu arbeiten, wie es im Vertrag vermerkt ist. Ein Arbeitsethos des absoluten Minimums. Ein Quiet Quitting ist die Folge, ohne dies jedoch in der Wirklichkeit immer öffentlich zu kommunizieren. «Wir sehen, wie das Pendel von der Sinnhaftigkeit der Arbeit hin zu einer eher transaktionalen Beziehung zum Arbeitgeber ausschlägt» (Hagmann Lea, 2022, S. 14/15). Wie die Generation Z letztlich tickt, wird zurzeit in verschiedenen Artikeln und Publikationen diskutiert. Sicher stehen Umweltfragen und ihre Auswirkungen auf das Leben im Vordergrund. Gleichzeitig weist sie die höchste Rate mentaler Erkrankungen aus. Ein verbindender Faktor ist die ausserordentliche digitale Kompetenz sowie die gesellschaftliche Vernetzung durch die sozialen Medien (Meier Yaël u. a., 2022). Weil die Generation Z noch am Anfang des Berufslebens steht, kann noch nicht beurteilt werden, wie sich die Einstellung zur Arbeit im Laufe ihrer Lebensarbeitszeit allenfalls verändert.

2.1.2 Unterschiedliche private und berufliche Lebenssituationen

Unabhängig von der Zugehörigkeit zu einem bestimmten Generationentypus wird die Frage der beruflichen Neuorientierung in Zukunft eine ständige Herausforderung bleiben. «Ein Karrierewechsel wird inskünftig eher die Regel als die Ausnahme sein» (Schlesinger Jill, 2018). Für die Babyboomer-Generation sowie Teile der Generation X können folgende Aspekte Hauptgründe für eine berufliche Neuorientierung sein:

1. Nach einer unfreiwilligen Freistellung werden viele Arbeitnehmende mit 45plus ungewollt in eine Situation gedrängt, in der sie sich mit einer beruflichen Neuorientierung notgedrungen auseinandersetzen müssen.
2. Jemand befindet sich in einer Midlife-Krise verbunden mit einer Midwork-Krise, was den Wunsch begünstigt, den beruflichen Lebensmittelpunkt, nämlich die Qualität der beruflichen Beschäftigung, attraktiver zu gestalten.
3. Viele Mütter (vereinzelt auch Väter) bekunden nach einer Baby- bzw. Familienpause vielfach Mühe, sich wieder in den beruflichen Arbeitsprozess einzugliedern, um eine für sie passende berufliche Herausforderung und Befriedigung zu finden, die auch mit der Familie vereinbar ist.
4. Zunehmend bleiben Frauen und Männer nach Erreichen des Pensionsalters beziehungsweise bei einer Frühpensionierung berufstätig und suchen nach einer sinnstiftenden Beschäftigung oder machen sich selbstständig und gründen ein Start-up.

2.2 Arbeitslosigkeit in der Schweiz

Die Arbeitslosigkeit von Menschen 45plus in der Schweiz und auch anderen westlichen Staaten ist über die letzten Jahre prozentual gesehen nicht sehr hoch gewesen, aber macht aus verschiedenen Gründen nachdenklich. In den USA[1] wird die Arbeitslosigkeit insgesamt und diejenige der Aging Society gegenüber der Schweiz unterschiedlich definiert und auch gehandhabt (U.S. Bureau of Labor Statistics, 2016).

2.2.1 Arbeitslosigkeit nach Generationengruppen in der Schweiz

Wie sieht die Arbeitslosigkeit der Berufsleute in der zweiten Hälfte ihrer beruflichen Tätigkeit aus? In Tabelle 1 wird die Arbeitslosigkeit nach Generationengruppen in der Schweiz dargestellt.

Tab. 1: Arbeitslosigkeit nach Generationengruppen in der Schweiz (November 2022)[2]

Altersgruppe	Total Erwerbstätige	Total Arbeitslose	Arbeitslose Männer (in %)	Arbeitslose Frauen (in %)	Durchschnitt[3] in % der gesamten Erwerbstätigkeit
15–24		8'633	4'950	3'683	0.2 %
25–44		45'598	23'742	21'856	0.9 %
45–64[4]		**37'096**	**21'530**	**15'566**	**0.7 %**
Gesamt	5'151'000[5]	91'327	50'221	41'106	1.8 %

Quelle: eigene Aufbereitung in Anlehnung an SECO, 2022; Bundesamt für Statistik, 2022.

Hinter diesen abstrakten Zahlen steht eine Vielzahl von Einzelschicksalen. Die Arbeitslosigkeit der Alterskohorte 45plus trifft alle Gesellschaftsschichten, das heisst von hochqualifizierten Personen, Fachleuten bis zu wenig ausgebildeten Arbeitskräften. In der Schweiz beträgt die Arbeitslosigkeit bei der Generation 45plus knapp ein Prozent der Gesamtbeschäftigung und ist im Vergleich zur

1 In den USA gilt als arbeitslos, wer aktiv eine Arbeit sucht. Dies beinhaltet folgende Elemente: (a) Kontaktaufnahme wie direkt mit einem potenziellen Arbeitgeber oder ein Vorstellungsgespräch, einer öffentlichen oder privaten Personalvermittlung, durch Freunde und Bekannte, eine Stellenberatung an einer Schule oder Universität, (b) Ausfüllen eines CVs oder Stellenbewerbung, (c) Platzierung oder Beantwortung von Stellenausschreibungen, (d) Stellensuche in gewerkschaftlichen oder beruflichen Stellenregistern oder (e) andere Aktivitäten für eine Stellensuche (U.S. Bureau of Labor Statistics, 2022).

2 Eigene Hochrechnung.

3 In % der gesamten Erwerbstätigkeit.

4 Inkl. Arbeitslose 65+.

5 3. Quartal 2022.

Jugendarbeitslosigkeit etwas höher. In diesen Zahlen sind die ausgesteuerten Arbeitslosen nicht einbezogen. Die Arbeitslosigkeit der Aging Society ist im Verhältnis zur gesamten Zahl der Erwerbstätigen insgesamt relativ klein, kann aber trotzdem mit einer gewissen Zurückhaltung bei der Rekrutierung erklärt werden, weil sich generationenspezifische Probleme zeigen.

Das Thema der Weiterbeschäftigung der Aging Society gewinnt in den letzten Jahren in der Schweiz wirtschaftlich an Bedeutung. Das angesprochene Alterssegment repräsentiert viele Fachkräfte, die zurzeit im schweizerischen Arbeitsmarkt fehlen und somit für die Arbeitgeber von Interesse sind. Eine Alternative ist die Rekrutierung von Fachkräften aus dem Schengenraum oder aus Drittländern, was bekanntlich einen gewissen politischen Zündstoff beinhaltet.

2.2.2 Grobübersicht der Positionen der Bundesratsparteien

Im Gegensatz zu den USA wurde das Problem einer proaktiven Wiedereingliederung von älteren Arbeitslosen in der Schweiz von einigen Parteien früh erkannt und auf die politische Agenda gesetzt, was einige Programme und Aktivitäten ausgelöst hat. Viele Medienbeiträge beschäftigen sich auch mit der Arbeitslosigkeit und den Herausforderungen, welche sich der alternden Gesellschaft diesbezüglich stellen (Sheldon Georg, 2017; Schweizer Fernsehen, 2017; Handelszeitung, 2017). Im Weiteren hat das SECO aufgrund des Postulates von Ständerat Paul Rechsteiner (Rechsteiner Paul, 2014) die erste nationale Konferenz ins Leben gerufen, welche sich mit dem Thema Beschäftigung und Arbeitslosigkeit im Alter auseinandersetzt. Ein zentrales Thema war die längerfristige Sanierung der AHV und somit die Erhöhung des Rentenalters für Frauen auf 65 – was in der Zwischenzeit Tatsache ist – beziehungsweise mittelfristig für beide Geschlechter auf 66 Jahre oder sogar noch später (SECO, 2019). Die Jungfreisinnigen Schweiz haben im Juli 2021 eine entsprechende Initiative «Für eine sichere und nachhaltige Altersvorsorge (Renteninitiative)» der Bundeskanzlei eingereicht, die sich beim Rentenalter an der durchschnittlichen Lebenserwartung orientiert (Bundeskanzlei, 2021). Eine umfassende Analyse, wie eine Mehrheit dieser Aging-Generation nach der Erhöhung des Rentenalters beschäftigt werden soll, steht noch nicht zur Verfügung und lässt mit Wissensstand heute viele ungeklärte Fragen offen.

Was sind die Positionen der Bundesratsparteien in der Schweiz zur Bekämpfung der Altersarbeitslosigkeit? Die nachfolgende Grobübersicht aufgrund der online verfügbaren Informationen zeigt ein unterschiedliches Interesse der Parteien und daraus abgeleitet verschiedene Strategien, wie das Thema Beschäftigung einer Aging-Generation angegangen werden soll. Eine Übersicht:

FDP Die Liberalen

In ihrem Positionspapier «Flexibles Arbeiten im Alter» vom 19. November 2013 plädiert die FDP für ein längeres Verbleiben in der Arbeitswelt und attestiert den Erwerbstätigen 55plus ein grosses Potenzial an Fähigkeiten und Erfahrungen. Eine stärkere Betreuung dieser Arbeitslosengruppe wird gefordert, das heisst mehr als nur (fachliche) Weiterbildungskurse. Sechs Forderungen zur Erhöhung der Arbeitsmarktfähigkeit werden dabei gestellt. Im Weiteren wird eine flexiblere Handhabung des Rentenalters propagiert. Eine weitere Forderung der FDP an die Unternehmen ist das Überdenken der negativen Klischees und Diskriminierung gegenüber älteren Arbeitnehmenden. Deren Beschäftigungsfähigkeit soll durch qualitative Steigerung der Arbeitsbedingungen mit Weiterbildung gefördert werden. Schliesslich soll die Koordination im Sozialversicherungssystem gefördert werden, ein flexibler Altersrücktritt soll möglich sein, branchenspezifische Regelungen der altersabhängigen Lohnbeiträge eingeführt werden und auch bessere Betreuung nach Arbeitsverlust eingeführt werden (FDP Die Liberalen, 2019).

Sozialdemokratische Partei

Die SP Schweiz verlangt in ihrem Positionspapier zum Thema «Arbeit und Ausbildung für alle» unter anderem folgende Punkte bei der arbeitsmarktlichen Wiedereingliederung von Arbeitslosen 50plus:

- Weiterbildung und Umschulung «on-the-job»,
- Gutscheinsystem,
- integrierter Ansatz und institutionelle Zusammenarbeit,
- Aufwertung der Studien- und Laufbahnberatung, erhöhte Transparenz im Weiterbildungsmarkt, Möglichkeit zur Validierung von Bildungsleistungen,
- Weiterbildungs- und Wiedereinstiegsmöglichkeiten für Frauen, die den Arbeitsmarkt verlassen haben, und für Teilzeitarbeitende, sowie
- Verzicht auf Alterslimiten namentlich beim Zugang von Weiterbildungen, beim Anspruch auf Stipendien sowie bei der freiwilligen Arbeit.

(Sozialdemokratische Partei der Schweiz, 2019)

Die Mitte, vormals Christlich Demokratische Volkspartei (CVP)

Die Mitte verlangt in ihrem Communiqué «Ältere Arbeitnehmende stärken» gezielte Massnahmen, um die Arbeitsmarktfähigkeit gewisser Arbeitnehmerkategorien zu stärken. Dazu braucht es gezielte Massnahmen bei der Weiterbildung und bei der beruflichen Vorsorge. «Um Arbeitslosigkeit im Alter zu verhindern, müssen vermehrt Anreize geschaffen werden, um ältere Arbeitnehmende im Erwerbsleben zu halten. Insbesondere müssen Umschulungen angeboten werden, um den Einstieg in Bereiche mit Fachkräftemangel zu fördern» (Die Mitte, 2016). Die Interpellation 16.3694 «Sind wir fit für den Arbeitsmarkt 4.0» wurde am 22.9.2016 eingereicht; der Bundesrat bezog Stellung, am 28.9.2018 wurde die Interpellation abgeschrieben, weil sie nicht innert zwei Jahren vom Rat behandelt wurde (Die Mitte, 2018).

Schweizerische Volkspartei (SVP)

Die SVP ist gegen Überbrückungsrenten bereits ab 55 Jahren, weil das liberale Grundprinzip «Arbeit statt Rente» untergraben wird. Stattdessen fordert die SVP, «den gestaffelten Beitragssatz der Pensionskasse zu Ungunsten der älteren Arbeitnehmer abzuschaffen und durch einen einheitlichen Beitragssatz zu ersetzen. Auch ältere Arbeitnehmende müssen in der Arbeitswelt ihren Platz haben» (Schweizerische Volkspartei, 2019, S. 5 und 12).

Die schweizerische Politik hat sich verschiedentlich, aber je nach politischer Couleur unterschiedlich, Gedanken zur Beschäftigung der Aging Society gemacht und setzt erwartungsgemäss unterschiedliche Akzente.

2.2.3 Nationale Konferenz «Ältere Arbeitnehmende»

Mit der Annahme des Postulats Rechsteiners beauftragte das Parlament den Bundesrat, eine Nationale Konferenz zum Thema ältere Arbeitnehmende durchzuführen (Rechsteiner Paul, 2014). Die erste Konferenz fand am 27. April 2015 in Bern statt, wobei drei Ziele im Vordergrund standen:

1. Verständigung über die Herausforderungen bei der Beschäftigung älterer Arbeitnehmender und über die Stossrichtung von Massnahmen;
2. Verstärkung des Engagements aller beteiligten Akteure, im eigenen Kompetenzbereich Massnahmen zu ergreifen und die Umsetzung dieser Massnahmen regelmässig zu prüfen;
3. Information der Arbeitsmarktakteure und der Öffentlichkeit über Herausforderungen und positive Erfahrungen bei der Integration älterer Arbeitnehmender.

In der vierten Konferenz im April 2018 haben sich Bund, Kantone und Sozialpartner zum Thema ältere Arbeitnehmende und deren Situation auf dem Arbeitsmarkt getroffen. In einer Schlusserklärung sprachen sie sich für eine aktive Laufbahnplanung aus. Zudem beschloss die Konferenz, Vorschläge zu prüfen, mit denen finanzielle und soziale Probleme durch drohende Aussteuerung von älteren Arbeitslosen verhindert werden können (SECO, 2018). In der fünften Nationalen Konferenz zum Thema ältere Arbeitnehmende am 3. Mai 2019 wurden im Tätigkeitsbericht entlang der drei Handlungsfelder (a) Bestehende Vorteile stärken, (b) Einstellen und Halten und (c) Wiedereingliederung und soziale Absicherung einige Themen identifiziert (SECO, 2019). Das bedeutet, bestehende Vorteile stärken, lebenslanges Lernen fördern, berufliche Entwicklung und aktive Laufbahnplanung, Beratungsangebote für Erwachsene im Rahmen der kantonalen Berufs-, Studien und Laufbahnberatung, Förderinstrumente der öffentlichen Hand zur Finanzierung von Weiterbildungen und andere.

Auf der sechsten und somit letzten Veranstaltung im November 2021 diskutierten Vertreter des Bundes und der Kantone sowie des Schweizerischen Gewerkschaftsbundes (SGB), von Travail.Suisse, des Schweizerischen Arbeitgeberverbandes (SAV) und des Schweizerischen Gewerbeverbandes (sgv) in Bern unter der Leitung von Bundesrat Guy Parmelin erneut auch grundsätzlich die Situation der älteren Arbeitnehmenden in der Schweiz, wobei die Standpunkte recht unterschiedlich ausfielen. Im Zentrum standen die Themen Wiedereingliederung und soziale Absicherung. Insgesamt konnten vierzehn Massnahmen zugunsten älterer Arbeitnehmender in die Wege geleitet werden, wie zum Beispiel die Verbesserung des Berufsabschlusses für Erwachsene sowie ein Pilotprojekt für eine kostenlose berufliche Standortbestimmung für Erwachsene ab 40 Jahren in elf Kantonen (Eidgenössisches Departement für Wirtschaft, Bildung und Forschung, 2021).

2.2.4 Arbeitsmarktliche Massnahmen

Die Situation der arbeitsmarktlichen Massnahmen für Stellensuchende 50plus in den einzelnen Kantonen sieht recht unterschiedlich aus. Die Integrationshemmnisse von Arbeitssuchenden 50plus sind sehr heterogen und hängen nicht nur ursächlich mit dem Alter zusammen. Trotzdem gibt es alterspezifische Besonderheiten für diese Gruppe (Egger, 2019):

- Gewisse Arbeitgeber ziehen jüngere Stellensuchende vor. Die verwendeten Filterkriterien (Algorithmen) bei der Vorselektion werden vielfach auf das Alter abgestimmt. Somit haben ältere Arbeitnehmende keine Chance auf eine Einladung zu einem Vorstellungsgespräch und werden gleich zu Beginn eines Anstellungsprozesses ausgefiltert.

- Oftmals fehle die Fähigkeit, sich auf dem Arbeitsmarkt gut zu «verkaufen», da sie seit vielen Jahren in keinem Bewerbungsprozess mehr waren beziehungsweise sich andere Anforderungen stellten als heute.
- Ältere Arbeitnehmer besitzen teilweise sehr wenig Selbstbewusstsein und Motivation und gehen davon aus, dass sie wenig Chancen auf dem Arbeitsmarkt haben. Hinzu kommt, dass sie sich von ihren Qualifikations- und Kompetenzdefiziten verschliessen, zu hohe finanzielle Ansprüche einfordern oder zu wenig Flexibilität zeigen. Die Gründe einer erfolglosen Stellensuche werden dann fälschlicherweise auf das Alter reduziert.
- Nicht selten ist die Biografie der Stellensuchenden geprägt durch eine sehr spezifische berufliche Tätigkeit.
- Viele ältere Stellensuchende folgen nicht dem propagierten Prinzip des lebenslangen Lernens. Die beruflichen Kompetenzen wurden nicht den Anforderungen des sich ständig wechselnden Arbeitsmarktes angepasst.
- Mit einem Stellenverlust verlieren sie nicht nur ein kontinuierlich angestiegenes Salär, sondern müssen feststellen, dass ihr Kompetenzprofil veraltet und nicht mehr arbeitsmarktfähig ist.
- Nicht selten sind bei älteren Stellensuchenden Gesundheits- oder sogar Suchtprobleme wie Alkohol, Nikotin, Medikamente oder andere vorhanden, welche die Stellensuche zusätzlich erschweren.
- Schliesslich wirkt die zunehmende Digitalisierung in der Berufswelt für einige Personen in dieser Alterskohorte überfordernd, weil keine Kenntnisse der gängigen technologischen Instrumente und Arbeitstechniken mehr vorhanden sind (Sachs Sybille et al., 2017). Manchmal besteht auch keine oder wenig Bereitschaft, digitale Defizite zu schliessen. Oder mit anderen Worten: «Bin ich bereit, mein berufliches Verständnis kritisch zu hinterfragen und mich allenfalls auf sich ständig weiterentwickelnde digitale Herausforderungen im beruflichen Alltag vorzubereiten und letztlich auch umzusetzen?»

Solche Einschränkungen bei der Stellensuche implizieren jedoch nicht, dass bei allen älteren Stellensuchenden diese Hemmnisse zur Wiedereingliederung oder Neuorientierung fehlen. Es gibt nicht die Massnahme, welche für die ganze Gruppe relevant ist. Dafür ist diese Altersgruppe zu heterogen.

2.2.5 Gegen die Diskriminierung älterer Arbeitnehmender in Kalifornien

Der Vierjahresplan 2021–2025 für die Betreuung und Begleitung von älteren Personen im Bundesstaat Kalifornien beinhaltet mehrheitlich soziale Dienstleistungen hinsichtlich Alter und Gebrechlichkeit, Konsumentenschutz und Rechte, Zugang zu Informationen für Betreuungspersonen und andere. Im Weiteren werden aber auch Beschäftigungsprogramme für Personen ab 55 mit niedrigem Einkommen angeboten. In diesem Programm eingeschlossen sind folgende Zielgruppen (California Department of Aging, 2022):

- Militärveteran oder dessen/deren Ehepartner(-in)
- beschränkte Englischsprachkenntnisse
- niedrige Schuldbildung
- wohnhaft in einem ländlichen Gebiet
- schlechte Beschäftigungsaussichten
- obdachlos oder Risiko zur Obdachlosigkeit

Die kalifornische Politik orientiert sich somit ausschliesslich an Armutsverhinderung oder -bekämpfung. Ein liberaler Arbeitsmarkt wie in Kalifornien überlässt die Verantwortung der Stellensuche und somit der Einkommensgenerierung mehrheitlich dem Einzelnen. Die Konsequenzen einer solchen Politik sind vielseitig und mehrschichtig, wie Altersarmut, Verelendung oder sogar Obdachlosigkeit. Auf der anderen Seite kann es idealerweise, falls die beruflichen Fähigkeiten und Fertigkeiten des Stellensuchenden marktfähig sind, eine gute Gesundheit gegeben ist und der Arbeitsmarkt offen für ältere Personen ist, auch Ansporn sein, eine entsprechende Beschäftigung zu finden.

Das Gesetz zur Bekämpfung der Altersdiskriminierung bei der Beschäftigung schützt Personen, die 40 Jahre oder älter sind, vor einer arbeitsbedingten Diskriminierung aufgrund des Alters (U.S. Equal Employment Opportunity Commission, 2022). Die Schutzmassnahmen von ADEA gelten sowohl für Mitarbeitende als auch für Bewerber. Im Rahmen der ADEA ist es gesetzeswidrig, Personen aufgrund ihres Alters in Bezug auf jede Amtszeit, Bedingung oder Privileg der Beschäftigung zu diskriminieren, einschliesslich Einstellung, Entlassung, Beförderung, Entschädigung, Leistungen, Arbeitsaufträge und Ausbildung. Unabhängig von der gesetzlichen Grundlage, welche die Altersdiskriminierung schützt, sind viele Amerikaner über ihre finanzielle Absicherung im Alter stark verunsichert und gestresst (Frey Carl Benedikt und Michael A. Osborne, 2013, S. 27).

3 Beginn eines neuen beruflichen Lebensabschnittes mit 45plus

Folgende zwei Beispiele sind real, aber auch willkürlich ausgewählt und trotzdem durchaus typisch für die Generation 45plus auf dem Weg zur beruflichen Neuorientierung. Die jeweiligen Beweggründe sowie die dahinterstehenden Persönlichkeiten sind auch in beiden Beispielen einzigartig und können in ihrer Gesamtheit nur teilweise verallgemeinert werden.

3.1 Zwei Beispiele als Einstieg

Die beiden Einstiegsbeispiele betreffen eine Frau und einen Mann in den besten Jahren und stammen aus der französisch- beziehungsweise deutschsprachigen Schweiz.

Alice – eine Frau auf der Suche nach mehr beruflicher Happiness

Alice hat kürzlich ihren 50. Geburtstag gefeiert. Sie ist Mutter eines Mädchens im Teenager-Alter, lebt in einer Beziehung mit dem Kindsvater und hat als administrative Assistentin in einer Schweizer Firma des Energiesektors in Lausanne gearbeitet. Sie war seit 25 Jahren bei diesem Unternehmen angestellt. Sie hat sich gelangweilt, es entstand eine innere Leere, die Arbeit hat ihr zunehmend weniger Freude bereitet. Zudem hat sie sich mit dem neuen Vorgesetzten nicht mehr gut verstanden und innerlich gekündigt. Sie blieb aber aus finanziellen Gründen beim Arbeitgeber. Beim Aufstehen war sie missmutig und durchlebte oftmals depressive Stimmungen. Die Arbeit empfand Alice als Muss, sie machte ihr keine Freude mehr. Im Weiteren hat sie sich ausser am Arbeitsplatz nicht mehr weitergebildet. Ohne den Arbeitgeber zu informieren, setzte Alice sich kritisch mit sich selbst auseinander, hinterfragte ihre momentane Situation und suchte sich eine neue Anstellung in einem unbekannten Umfeld. Schliesslich kündigte sie mit vielen Bedenken und Unsicherheiten und verliess ihre vermeintliche Komfortzone. Alice ist in ihrer neuen Funktion bei einem neuen Arbeitgeber sehr glücklich und bereut ihren Entscheid nicht. Sie würde es wieder tun.

David – ein Mann mit vielen ungelebten Träumen

David ist Mitte 40, verheiratet, Vater von zwei halbwüchsigen Kindern. Als Kind wuchs er mehrheitlich im Ausland auf. Sein Ausbildungshintergrund besteht aus einem Bachelor in Information Technology einer Schweizer Fachhochschule. Er arbeitete als Direktor für eine Schweizer Bank im Bereich Global Operation in Zürich und wurde von seinen Vorgesetzten und Mitarbeitern sehr geschätzt. Das Salär war funktionsbedingt entsprechend attraktiv. Eine Karriere, die sich durchaus sehen liess. Nichtsdestotrotz stellte sich auch bei ihm die Frage, wohin ihn die berufliche Reise führt, und welcher Sinn das Leben nach dieser Karriere haben soll. Zusammen mit seiner Familie sparte er über einige Jahre Kapital an und kündigte seinen Job bei der Bank. Er reiste zusammen mit seiner Familie durch Asien und Amerika und erfreute sich an neuen und inspirierenden Erfahrungen seiner Sinnsuche. In der Zwischenzeit ist er zurück und hat beim gleichen Arbeitgeber eine interessante und inhaltlich verwandte Stelle angetreten. David brauchte diese Auszeit, um sich mit seiner beruflichen Situation in kritischer Distanz auseinanderzusetzen, um die Werte seines beruflichen Werdegangs zu evaluieren und letztlich wertzuschätzen. Ob seine nicht ausgelebten Träume immer noch schlummern oder träumt er sogar von einer Frühpensionierung?

Welche Gemeinsamkeiten haben beide Beispiele:
Beide …

- … sind 45plus Jahre alt,
- … schauen auf unterschiedliche, aber durchaus erfolgreiche Karrieren mit Ups und Downs zurück,
- … suchen eine berufliche Neuorientierung, weil sie der bestehenden Situation überdrüssig sind,
- … durchlebten einen gewissen Leidensdruck vor der beruflichen Neuorientierung,

- … haben persönliche Aufgaben und finanzielle Verpflichtungen gegenüber ihren Familien wahrzunehmen,
- … haben ihren ursprünglichen Ausbildungsstand nicht durch eine formelle oder nonformelle Weiterbildung verbessert,
- … haben sich selbstkritisch mit sich, ihren Träumen und Visionen in unterschiedlichster Art und Weise auseinandergesetzt,
- … haben sich mit einer oder mehreren Personen ihres Vertrauens ausgetauscht,
- … zögerten anfänglich, ihre vermeintliche bequeme Komfortzone zu verlassen, um unbekannte Erfahrungen auszuprobieren,
- … haben den Schritt zur Verwirklichung ihrer beruflichen Visionen jedoch nicht bereut.

3.2 Stereotypisierung der Generation 45plus

Arbeitnehmende in der Schweiz mit 45plus, und zwar unabhängig vom Bildungshintergrund, der beruflichen Stellung sowie der beruflichen Tätigkeit, sind vielfach mit verallgemeinernden Stereotypen konfrontiert, die sie bei der Entwicklung einer beruflichen Neuorientierung behindern. Einige Stigmata besitzen ein Quäntchen Wahrheit, viele sind aber fragwürdig, überzeichnet oder an den Haaren herbeigezogen. Nicht selten bestehen bei den einstellenden Linienverantwortlichen und auch in den HR-Abteilungen klischeehafte Vorstellungen zur Generation 45plus. Dabei lassen sich einige Stereotypisierungen erkennen. Nachfolgend sind als Auswahl einige oft gehörte Vorbehalte sowie Be- und Verurteilungen aufgelistet:

Verhaltensauffälligkeiten der Aging Society

Fast immer wird das Verhalten dieser Altersgruppe angesprochen, zum Beispiel:

- Ältere Arbeitnehmer hätten oftmals abstruse Ideen und Eigenarten, die nicht in eine zeitgemässe Unternehmenskultur passen. Vermeintliche Verhaltensauffälligkeiten sind beispielsweise wenig Bereitschaft zur Akzeptanz einer neuen Unternehmenskultur, Ablehnung jüngerer Vorgesetzter, Inflexibilität bei neuen beruflichen Herausforderungen, traditionelle, zum Teil veraltete Denkweisen, niedrige Risikobereitschaft und geringe Agilität.
- Zelebriertes «Old School Behavior», Verharren in der eigenen Komfortzone, umständlicher Arbeitsstil, keine Bereitschaft zur geografischen

Mobilität, das heisst, Arbeits- oder allenfalls sogar Wohnort zu wechseln. Unter solchen negativen Einschätzungen fallen weiterhin kommunikative Defizite, wenig interkulturelle Sensibilität, nicht angepasste Bekleidung (Dress Code) oder sogar fehlende persönliche Hygiene.

- Manchmal direkt und manchmal hinter vorgehaltener Hand werden wenig wohlwollende Bemerkungen über die Charaktereigenschaften der Generation 45plus abgegeben, wie «too old to trust» oder «too old to perform». Vielfach entstehen solche erniedrigenden Beurteilungen aus einer stereotypischen Zuordnung und sind als Verallgemeinerung nicht korrekt.

Defizit an arbeitsmarktrelevanten Kompetenzen und beruflicher Weiterbildung

Ebenso kritisch werden die nicht vorhandenen arbeitsmarktlichen Kompetenzen beurteilt, wie beispielsweise:

- Es fehle an marktfähigen Fähigkeiten, und es existiere eine ungenügende Affinität zur Digitalisierung, veraltete Branchen- und Marktkenntnisse verbunden mit mangelnden Fremdsprachenkenntnissen.
- Der Anspruch des lebenslangen Lernens (Life Long Learning) ist in dieser Generation weitgehend inexistent oder diplomatisch ausgedrückt noch nicht flächendeckend angekommen. Es fehlt oftmals – auch bei hochqualifizierten Personen – an formellen und nonformellen fachlichen, persönlichkeitsbildenden und branchenspezifischen Weiterbildungen. Eine Erweiterung der fachlichen Kompetenzen findet – falls überhaupt – im Rahmen des beruflichen Alltagskontextes statt, was stark von der Förderung durch den Arbeitgeber sowie das engere Umfeld im Unternehmen abhängig ist.
- Die vorhandenen Defizite arbeitsmarktfähiger Fähigkeiten und entsprechenden Wissens sowie anderer relevanter Kompetenzen werden in dieser Alterskohorte nicht selten negiert oder sogar stillschweigend unterdrückt.

Finanzielle Vorbehalte

Manchmal schrecken auch die hohen Erwartungen der Stellensuchenden an Salär, Sozialleistungen und Fringe Benefits ab. Einige Beispiele:

- Die Stellensuchenden würden sich bei ihren Gehaltsvorstellungen – als Folge einer Fehleinschätzung – an ihrem bisherigen Anstellungspaket orientieren und die arbeitsmarktlichen Bedingungen für ihre persönliche Situation wissentlich oder naiverweise nicht mit einbeziehen. Solche

nicht arbeitsmarktkonformen Gehaltsansprüche basieren meistens auf in dieser Lebensphase vorhandenen hohen finanziellen Belastungen, wie zum Beispiel Ausbildungskosten der Kinder, Finanzierung des erreichten Lebensstandards, Mieten, Hypothekarzinsen und -amortisationen. Die Entschädigungsfrage bei älteren Arbeitnehmenden hingegen, das heisst bei Frühpensionierten oder Pensionierten, rückt bei einer Stellenbesetzung oder freiberuflichen Tätigkeit eher in den Hintergrund.
- Für den Arbeitgeber sind vielfach auch die hohen Beiträge für Pensionskassen und andere Vorsorgeleistungen ein gewichtiges Beurteilungskriterium. Die Konsequenz ist, dass Stellensuchende 45plus bereits im Anfangsstadium des Bewerbungsprozesses stillschweigend ausgeschieden werden, ohne dass der zu erwartende Mehrwert neuer und erfahrener Berufskolleginnen oder -kollegen seriös in die Entscheidungsfindung miteinbezogen wird.

Gesundheitliche Einschränkungen

Ein weiteres vielfach gehörtes Argument ist, dass das Gesundheitsrisiko einer älteren Generation höher ist als bei jüngeren Leuten und somit Bedenken wegen krankheitsbedingten Fehltagen oder anderen beruflichen Unzulänglichkeiten vorhanden sind.

- Sicherlich sind Übergewicht, Süchte und andere gesundheitliche Einschränkungen, wie herz- und kreislaufbedingte Krankheiten, Themen für einen Teil dieser Alterskohorte. Vielfach wird für diese Altersgruppe ein höheres Gesundheitsrisiko vermutet, verbunden mit der Befürchtung zusätzlicher krankheitsbedingter Fehltage am Arbeitsplatz. In der Tat haben ältere Arbeitnehmende tendenziell höhere gesundheitsbedingte Absenzen durch Unfall und Krankheit am Arbeitsplatz (Bundesamt für Statistik, 2022). Im Weiteren bescheinigen offizielle Statistiken dieser Kohorte ein Übergewichtsproblem und Adipositas, rund 45 Prozent der Männer beziehungsweise rund 25 Prozent der Frauen leiden darunter (Bundesamt für Statistik, 2022).
- Mit der grösseren Anfälligkeit, krank zu werden, sind auch höhere Prämien für die Krankenkasse verbunden, die allenfalls die Vermittelbarkeit von älteren Arbeitnehmenden behindern könnten.
- Mögliche gesundheitliche Vorbehalte sind für eine Anstellung im Alter 45plus ein «Killer»-Kriterium. Viele Arbeitgeber scheuen das Risiko, jemanden mit gesundheitsspezifischen Einschränkungen einzustellen, auch wenn diese Vorbehalte oftmals nicht offen kommuniziert werden.

Weitere rational nicht oder schwer erklärbare Faktoren

Mit den oben erwähnten Vorbehalten wurden vor allem Beurteilungsfaktoren angesprochen, die mindestens teilweise objektiv beobachtbar, nachvollziehbar und somit in einem gewissen Sinn auch erklärbar sind. Es gibt aber auch Anstellungskriterien, die objektiv nur schwierig einzuschätzen sind, aber durchaus bei einer Einstellung relevant sein könnten. Einige Beispiele:

- In der vielseitigen schweizerischen Gesellschaft und somit auf dem Arbeitsmarkt gibt es eine nicht zu unterschätzende Anzahl von Personen, deren Lebensphilosophie, Lebensumstände, Einstellung zum Thema Arbeit, berufliche Bedürfnisse durch ein Gedankengut geprägt ist, welches nicht ohne Weiteres in ein rationales Muster gewinnorientierter Unternehmen passt.
- Es ist schwierig, eine solche heterogene Gesellschaft zu deuten und verallgemeinernde Empfehlungen zur deren Arbeitsmarktfähigkeit abzugeben. Mögliche behindernde Einflussfaktoren bei der Stellensuche sind zum Beispiel eine (radikal) religiöse Orientierung, der überzeichnete Glaube an die Horoskopie oder eine fatalistische Lebensführung. Viele Anstellungen beinhalten auch eine Portion irrationalen Denkens bei der Entscheidungsfindung, wobei subjektive «Bauchgefühle» objektivierbare Erkenntnisse nicht selten verdrängen.

3.3 Entlassung und das Gefühlsbad danach

Arbeitslosigkeit ist bekanntlich ein sehr komplexes Thema und unterscheidet sich in der Definition, der Berechtigung von Arbeitslosenansprüchen bis zur Unterstützung bei der Wiedereingliederung in den Arbeitsmarkt. «Jeder ist seines eigenen Glückes Schmied» ist gesellschaftspolitisch und arbeitsökonomisch ebenso unbrauchbar wie die ausschliessliche Fokussierung auf staatliche Eingegriffe bei der Bekämpfung der Arbeitslosigkeit.

Was passiert bei einer Entlassung? Arbeitnehmende bekunden nach einer unfreiwilligen Entlassung in der Mitte ihres Berufslebens verschiedene Reaktionen. Folgende Symptome können nach einer Freistellung in unterschiedlicher Intensität auftreten: Zuerst wird in den meisten Fällen die Tatsache einer möglichen Freistellung verweigert, nach dem Motto: «Das kann doch nicht wahr sein, ich habe doch alle Jahre mein Bestes gegeben!» Dieses Gefühl wird schnell mit Zorn und negativen Gefühlen gegenüber seinem bisherigen Arbeitgeber und allenfalls Berufskolleginnen und -kollegen abgelöst. Es entsteht ein inneres Zerwürfnis. Dieser Selbstzweifel kann sich zu einer Depression und anderen Krankheitsformen entwickeln. Nach einer gewissen Zeit stellt sich jedoch bei den meisten Entlassenen eine Akzeptanz der Situation ein, was zugleich auch den Beginn der eigentlichen Neuorientierung darstellen kann. Die unterschiedlichen Reaktionen auf eine Kündigung können in der Länge, der Abfolge wie auch in der Intensität unterschiedlich sein (Deem Richard S., 2010).

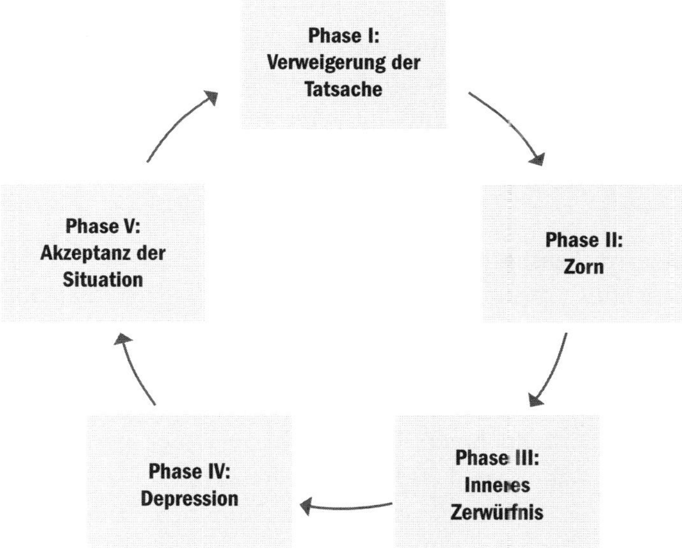

Abb. 1: Reaktionszyklus bei Arbeitsverlust (Quelle: in Anlehnung an Deem Richard S., 2010).

Phase I – Verweigerung der Tatsachen
«Das ist nicht möglich!» Ein Gefühl von Schock und seelischer Betäubung kommt als innerlicher Verteidigungsmechanismus auf.

Phase II – Zorn
Mit der Konfrontation des Stellenverlustes wächst ein Gefühl der Frustration, Wertlosigkeit und Hoffnungslosigkeit, welches nach einer Weile in Zorn wechselt.

Phase III – Inneres Zerwürfnis
«Was habe ich falsch gemacht, wie hätte der Stellenverlust vermieden werden können?»

Phase IV – Depression
Traurigkeit überwältigt die Gefühle, und Zeichen von Depression sind erkennbar, wie Weinen, Schlafstörungen, Appetitlosigkeit u. a.

Phase V – Akzeptanz der Situation

Der Abschluss der «Trauer» ist die Akzeptanz des Stellenverlustes. Trotz Traurigkeit wächst die Bereitschaft, nach vorn zu schauen.

Das Bewusstsein dieses Prozesses nach einer Freistellung ist sehr wichtig, weil es hilft, seine Gefühle besser einzuordnen und ein allfällig verloren gegangenes Selbstwertgefühl wieder anzugehen beziehungsweise aufzubauen. Dieser Prozess wird vielfach durch den Beteiligten alleine angegangen. Die Beanspruchung einer Hilfestellung durch den Austausch mit einer Vertrauensperson oder allenfalls durch eine professionelle Beratung ist sicher sinnvoll und empfehlenswert.

Wieso werden Kündigungen überhaupt ausgesprochen? Es gibt verschiedene Gründe, die eine Reduktion der Beschäftigung von Arbeitskräften in einem Unternehmen bewirken können:

Personen- und verhaltensbedingte Entlassungen

Entlassungen oder Freistellungen werden ausgesprochen, wenn die Leistung einer Person nicht mehr den Ansprüchen des Vorgesetzten beziehungsweise des Unternehmens entspricht. Dafür gibt es unterschiedliche Gründe:

- Bei personenbedingten Entlassungen hat der Arbeitgeber den Eindruck, dass der Arbeitnehmer die vereinbarte Arbeitsleistung nicht mehr erbringen kann, weil beispielsweise die fachlichen oder sozialen Kompetenzen fehlen. Eine lange Krankheit kann unter Umständen auch ein Kündigungsgrund sein, auch wenn für eine solche Kündigung hohe Anforderungen an die Rechtsprechung gestellt werden.
- Verhaltensbedingte Kündigungen basieren auf einer absichtlichen oder mindestens grobfahrlässigen Verletzung des Arbeitsvertrages und der Spielregeln im Unternehmen. Beispiele sind Alkohol- oder Drogenmissbrauch während oder ausserhalb der Arbeitszeit, Arbeitsverweigerung, Beleidigungen, rassistische Äusserungen, Vermögensdelikte zulasten des Arbeitgebers, Vortäuschen einer Krankheit, sexuelle Belästigung und andere. (Klugo Hugo, 2022).

Unternehmensbedingte Entlassungen

Viele Entlassungen werden aber auch unternehmerseitig ausgesprochen, weil unterschiedliche Gründe einer Reduktion der Beschäftigung gegeben sind:

- Oftmals fallen Entlassungen an, nachdem ein Unternehmen einen Strategiewechsel vollzogen hat. Als Folge können beispielsweise gewisse

Dienstleistungen reduziert, abgebaut beziehungsweise eine Produktionseinheit ganz aufgelöst werden.

- Aber auch künstliche Intelligenz (KI) und die entsprechende Digitalisierung steigern die Produktivität und ersetzen subalterne und repetitive Tätigkeiten, die vorher durch Menschen ausgeführt wurden (Sachs Sybille et al., 2017).
- Ein Abbau von Stellen kann auch aus Kostengründen erfolgen, damit die Gewinnvorstellungen der Shareholder erreicht werden.
- Die Schliessung von dezentral gelegenen Niederlassungen zugunsten einer Zentralisierung kann ebenfalls Arbeitsstellen kosten.
- Im Weiteren sind Outsourcing und Offshoring von Arbeit in Billiglohnländer oftmals ein Grund, Mitarbeitende zu entlassen. Die Arbeitsleistung als solche verschwindet nicht, sondern wird durch eine Arbeitskraft in einem anderen Land billiger ausgeübt.
- Vielfach folgen auf Restrukturierungmassnahmen und Prozessoptimierungen von Arbeitsabläufen Kündigungen an Mitarbeitende, die im neuen Businessmodell keinen Platz mehr haben.
- Bei Übernahmen oder Mergers eines Unternehmens haben oftmals die neuen Eigentümer andere Vorstellungen über die strategische Ausrichtung des Unternehmens.
- Nicht selten werden auch bei einem Management-Buy-out eines Unternehmens die strategischen Ziele neu definiert.
- Und last but not least: Wenn zum Beispiel keine überzeugende Nachfolgeregelung eines Unternehmens gefunden werden kann und aufgelöst wird oder ein Betrieb in Konkurs geht, können die bestehenden Arbeitsverträge ebenfalls aufgelöst werden.

Ökonomisches, politisches, gesellschaftliches und ökologisches Umfeld

Unterschiedliche ökonomische, politische, gesellschaftliche wie auch ökologische Faktoren beeinflussen ebenfalls die Beschäftigung der Generation 45plus. Oftmals sind es vielschichtige Ereignisse und Prozesse, die nicht voraussehbar sind, weshalb geeignete Massnahmen nur beschränkt im Voraus planbar sind. Es stellt nicht nur die einzelne Person vor grosse Herausforderungen, sondern kann auch auf makroökonomischer und politischer Ebene tiefgreifende Veränderungsprozesse auslösen. Dabei können verschiedene Ursachen für einen Nachfragerückgang auf dem Arbeitsmarkt identifiziert werden:

- Die wirtschaftliche Entwicklung ist mit unterschiedlichen Sequenzen zyklisch und wechselt zwischen Hochkonjunktur und Rezession. Eine rückgängige Konjunkturlage verursacht vielfach unter anderem das Abbauen von Stellen, um beispielsweise das längerfristige Überleben des Unternehmens sicherzustellen.

- Unternehmen verändern sich auch über die Zeit. Die Herstellung von bestimmten Produkten oder Dienstleistungen wird eingestellt. Unternehmensanteile werden an ein Drittunternehmen veräussert.
- Einfluss auf die wirtschaftliche Entwicklung und Auswirkungen auf den Arbeitsmarkt haben kriegerische Ereignisse, wie das aktuelle Beispiel des Einmarschs der russischen Truppen in der Ukraine versinnbildlicht. Die Lieferungskette oder der Nachschub von Rohstoffen, Halbfabrikaten oder Fertigfabrikaten aller Art wird unterbrochen. Die Herstellung von Produkten leidet, das Vertrauen in die Zukunft wird getrübt, was einen Konsumrückgang zur Folge haben kann. Kriegerische Handlungen treffen die verschiedenen Branchen und den Arbeitsmarkt jedoch unterschiedlich.
- Aus politischen Überlegungen werden wirtschaftliche Sanktionen oder diskriminierende Handelsbarrieren ergriffen, die Länder und vielfach spezifische Branchen tangieren. Schwerwiegende Sanktionen können Teile oder ganze Betriebe lahmlegen.
- Mit regulativen Markteingriffen durch den Gesetzgeber, wie zum Beispiel ökologische oder gesundheitliche Auflagen, werden ursprüngliche Produktionsprozesse verändert oder Fertigprodukte oder Dienstleistungen sogar verboten.
- Eine Pandemie, wie COVID-19, mit allen Restriktionen der Mobilität sowie beruflichen und privaten Begegnungsmöglichkeiten behindert oder kanalisiert den Konsum von bestimmten Gütern und Dienstleistungen. Die Gastroszene hat wegen der verordneten Arbeit im Homeoffice beispielsweise grösstenteils ihre Kundschaft über Mittag verloren.
- Auch verheerende Naturkatastrophen wie Sturmflut, Erdbeben, Erdrutsch, Feuer und andere können nicht nur auf den regionalen Arbeitsmarkt negative Auswirkungen ausüben.
- Nicht zu vergessen sind gesellschaftliche Veränderungen und eine neue Einstellung zum Thema Arbeit. Die Reduktion der Arbeitszeit hin zur vermehrten Teilzeitbeschäftigung und Homeoffice beispielsweise eröffnet neue Formen der beruflichen Entwicklung.
- Eine Vielzahl von politökonomischen Massnahmen haben Auswirkungen auf das Ausmass und die Qualität der Beschäftigung. Oftmals sind diese Auswirkungen nur hypothetisch abschätzbar, weil empirische Untersuchungen zur Wirkungsanalyse fehlen.

3.4 Mit der Midlife-Krise in die Midwork-Krise

Es gibt eine nicht zu unterschätzende Anzahl von Personen, die mit ihrem Berufsleben unzufrieden sind und eine neue berufliche Herausforderung suchen. Diese Personen werden nicht von ihrem Arbeitgeber freigestellt, sondern sie wollen beruflich etwas Neues erfahren oder einen mehr sinnstiftenden Beitrag in ihrem Leben leisten. Die Midlife-Krise weitet sich üblicherweise in eine Midwork-Krise aus. Die Folge ist zuerst ein Quiet Quitting oder innere Kündigung, wobei sich eine Midwork-Krise sehr unterschiedlich äussert (Schäfer Susanne, 2019 und 2022). Einige Beispiele:

- Unzufriedenheit und Frust mit dem eigenen persönlichen, familiären und beruflichen Alltag, Pessimismus verbreitet sich.
- Angstzustände kommen auf, Ohnmachtsgefühle erwachen, ein Veränderungsdrang entsteht, Stresssymptome beherrschen den Alltag.
- Ein Schönheitsdrang als Kompensation des Älterwerdens kann die Folge sein, Schuldgefühle können aufkommen.
- Krankheitsbedingte Abwesenheiten oder Burn-out können Auswirkungen einer solchen Unzufriedenheit sein.

Umfassende Informationen und gut abgestützte Statistiken über das Profil solcher sinnsuchenden Personen fehlen für die Schweiz weitgehend. Es kann aber vermutet werden, dass sich mehrheitlich besser ausgebildete und gut verdienende Frauen und Männer nach der ersten Hälfte ihrer beruflichen Tätigkeit die Sinnfrage nach einer neuen Herausforderung stellen. Viele Personen in dieser Altersgruppe fragen sich, ob sie den zweiten Teil ihres Berufslebens einfach im angestammten Beruf beziehungsweise in ihrer ausgeübten Funktion, im selben Unternehmen oder in der gleichen Branche ausharren oder zu neuen beruflichen Ufern aufbrechen wollen.

Bei Personen in der Mitte des Berufslebens stellt sich somit die Frage, was sie in der zweiten Lebenshälfte beruflich und auch privat noch erleben wollen. Eine solche kritische Selbstfindung beginnt in der Regel nach dem 40. Lebensjahr und dauert je nach Persönlichkeit und Geschlecht unterschiedlich lang. Im Vordergrund stehen meistens vielfältige Sinnfragen des Lebens. Einige häufig gehörte Fragen sind:

- Was habe ich bis jetzt beruflich erreicht, was will ich in meiner zweiten Lebenshälfte noch erreichen beziehungsweise bewirken?
- Welche Bedeutung hat das Leben?

- Wie vereinbare ich meine neue berufliche Ausrichtung mit meiner Familie und meinen persönlichen Bedürfnissen?
- Was kann ich persönlich für das Wohlergehen der Gesellschaft beitragen?
- Gibt es noch eine Aufgabe, in die ich hineinwachsen kann?
- Was habe ich bis anhin im Leben und im Beruf verpasst?

Mit der Midlife-Krise wird ein Übergang von einem zu einem anderen Lebensabschnitt in der Regel zwischen 40 und 55 Jahren verstanden. Für diese psychologische Krise können verschiedene Ursachen genannt werden, wie zum Beispiel das Älterwerden verbunden mit dessen Verdrängung, die Realisierung von nicht erreichten gesteckten Zielen, Unzulänglichkeiten im eigenen Leben oder das Bewusstwerden der eigenen Lebensspanne. Solche selbstkritischen Fragen können Depressionen, Ängste, Reuefühle für vermeintlich Verpasstes auslösen. Als Folge davon kann der Wunsch nach einem radikalen Lebenswandel entstehen, wie zum Beispiel eine starke Fokussierung zu Jugendlichkeit oder das Bedürfnis, den derzeitigen Lebensstil grundsätzlich zu ändern (Rejuvage, 2019).

Wie kann beurteilt werden, ob jemand für eine neue berufliche Herausforderung bereit ist, sei das in einem Job, einer neuen beruflichen Karriere oder in einer noch zu entdeckenden Berufung? Dazu sollen die folgenden zehn Fragen Auskunft erteilen, die mehrheitlich mit einem «Ja» beantwortet werden müssen, damit die innere Bereitschaft für eine Neuorientierung auch tief empfunden wird (Alboher Marci, 2013, S. 14):

1. Bist du an einem Lebenspunkt angelangt, bei dem du dich problemlos neu orientieren kannst, das heisst ohne einschränkende Rahmenbedingungen wie zum Beispiel geografischer Lebensmittelpunkt, Fürsorgeverpflichtungen, Gesundheitsprobleme und andere?
2. Hast du irgendwelche Vorstellungen über deine Zukunft?
3. Gibt es etwas, worüber du immer und immer wieder nachdenkst?
4. Hast du eine Vorstellung, wie weit weg oder nahe dein Wunsch ist, einen radikalen Wechsel in deinem Berufsleben vorzunehmen?
5. Bist du finanziell bereit, einen solchen Wechsel zu tragen beziehungweise zu riskieren?
6. Hast du jemanden, mit dem du über deine Ideen und Pläne im Vertrauen sprechen kannst?
7. Bist du offen, dein Wissen und deine Kompetenzen zu erweitern?

8. Weisst du schon, in welcher Umgebung und wie viel du in Zukunft allenfalls arbeiten möchtest?
9. Hast du dir Gedanken gemacht, ob du selbstständig erwerbend oder in einem Anstellungsverhältnis tätig sein möchtest?
10. Kannst du kurz und bündig erklären, wo du in deinem Prozess der beruflichen Neuausrichtung stehst?

3.5 Wiedereinstieg nach einer Familienpause

Eine nicht zu unterschätzende Anzahl von Frauen und zunehmend auch Männern haben eine Baby- beziehungsweise Familienpause eingelegt und sich für einige Jahre aus dem regulären Arbeitsmarkt zurückgezogen. Für diese Gruppe birgt der Wiedereinstieg, und zwar unabhängig von der beruflichen Qualifizierung, verschiedene Herausforderungen, wie beispielsweise Verunsicherung über die vorhandenen marktfähigen Kompetenzen, inwieweit wurde der berufliche Anschluss verloren, keine beruflichen Weiterbildungen, veralteter Lebenslauf, keine Übung in einem Bewerbungsverfahren, keine Erfolgserlebnisse im Beruf, Vorhandensein attraktiver Teilzeitstellen in einer akzeptablen Pendlerdistanz, Möglichkeiten von Home Office / New Work und vieles mehr. Im Weiteren sind speziell Mütter, die nach einer Babypause wieder ins Berufsleben einsteigen wollen, mit einer Reihe von Stereotypisierungen konfrontiert: In welchem Ausmass hat die Familienpause einen negativen Einfluss auf das Selbstwertgefühl im beruflichen Alltag, und wie geht frau souverän mit einem vermeintlichen «Mami»-Image um (Donna-Magazin, 2019)?

In der Beratung zeigt sich, dass viele Mütter schon nach einer kurzen Babypause an Selbstwert und Selbstbewusstsein verlieren und das Gefühl entwickeln, dass sie in der Berufswelt nicht mehr genügen würden. Diese persönliche Selbstreduktion steht im Widerspruch mit den als Mutter angeeigneten Sozialkompetenzen wie organisatorische, kommunikative und koordinative Kompetenzen, Fähigkeiten zur Konfliktlösung, Zuverlässigkeit, Durchhaltevermögen und Multitasking. Diese zum Teil unbewusst wahrgenommenen Fähigkeiten werden manchmal sogar als Nachteil eingestuft. Auf der anderen Seite sind bei vielen Personalverantwortlichen und Linienvorgesetzten von Unternehmen Vorurteile gegenüber Wiedereinsteigerinnen zu beobachten. Eine Babypause wird beispielsweise als Desinteresse an einer beruflichen Karriere verstanden. Es gibt Bedenken zur zeitlichen und organisatorischen Vereinbarkeit zwischen Arbeit und Familie (Wiese Bettina S., 2010).

Dieser persönlichen Verunsicherung steht eine Vielfalt von Optionen für eine Neuorientierung auf dem Arbeitsmarkt gegenüber (in Anlehnung an Gratwohl Natalie, 2019). In diesem Dschungel der Gedanken konkurrenzieren unterschiedlichste Fragen, wie beispielsweise:

- Welche beruflichen Kompetenzen und Erfahrungen sind gefragt?
- Wie relevant ist mein Ausbildungs- und Weiterbildungshintergrund, und wo habe ich ein Weiterbildungsdefizit?
- Wo und wie kann ich das Upskilling oder Reskilling erwerben?
- Wie mobil bin ich?
- Welche Beschäftigungsmodelle und Entschädigungsvorstellungen sind für meine Person adäquat?
- Wie kommt mein Persönlichkeitsprofil bei einem möglichen Arbeitgeber an?
- Welche familiären Verpflichtungen habe ich, und wie löse ich diese bei einem Wiedereinstieg ins Berufsleben?
- Wie sieht die zukünftige finanzielle Situation aus?
- Inwiefern kann ich eine berufliche Tätigkeit mit meiner Gesundheit vereinbaren?
- Wie organisiere ich meinen privaten Haushalt samt Kindern?
- Wie stellt sich mein Partner zu meinen zukünftigen Berufsvorstellungen?

Öffentliche, semi-öffentliche oder private Programme fördern den Wiedereinstieg von Frauen nach einer Familienpause ins Berufsleben (in Anlehnung an Wachter Isabelle, 2022). Es existieren verschiedene «Returnship-Programme» wie exemplarisch das «Companies and Returnships Network» (crn, 2022). Auf gesamtschweizerischer Ebene werden noch vier von insgesamt elf Beratungsstellen weitergeführt, die ursprünglich bis 2018 durch Bundesmittel finanziert wurden. Es sind dies das Beratungszentrum Graubünden (beratungszentrum-gr, 2022), Infostelle Frau+Arbeit, Kanton Thurgau (frauundarbeit.ch, 2022), das Frac Informations- und Beratungszentrum, Arbeits- und Berufsleben gestalten, Kanton Bern (Informations- und Beratungszentrum Bern, 2022) und Equi-Lab, Kanton Tessin (equi-lab, 2022).

Auch Unternehmen haben diese Zielgruppe der wiedereinsteigenden Mütter entdeckt. Sie erhoffen sich, qualifizierte Fachleute zu finden, wie beispielsweise das Career-Comeback-Programm der UBS (UBS, 2022), das PSI Career Return Program des Paul-Scherrer-Instituts (psi, 2022), das Wiedereinstiegsprogramm nach dem Mutterschaftsurlaub der IKEA (IKEA, 2022) oder der Wiedereinstieg in die Pflege (Mein Wiedereinstieg in die Diplompflege, 2022).

3.6 Beschäftigung nach der Pensionierung oder bei Frühpensionierung

Die schweizerische Wohnbevölkerung wird im Durchschnitt immer älter, und damit ist die Frage verbunden, welche sinnstiftenden Tätigkeiten und Aufgaben die Seniorinnen und Senioren in ihrer dritten Lebensphase übernehmen wollen. Innerhalb der letzten Jahre hat die Erwerbsquote der 50- bis 74-Jährigen zugenommen. Bei den Frauen ist diese Zunahme auch durch die Erhöhung des Rentenalters zu begründen (Bundesamt für Statistik, 2022). Die meisten Leute sehnen sich danach, nach einem erfüllten Erwerbsleben das «dolce far niente» zu geniessen. Dabei geht es vor allem darum, von alltäglichen Verpflichtungen der Arbeit Abstand zu gewinnen, um sich auf seine familiäre und persönliche Umgebung hin zu orientieren.

Es gibt in der schweizerischen Gesellschaft aber auch meist gut qualifizierte und vielerlei interessierte Personen, die nach jahrelanger Berufstätigkeit etwas Neues, vielleicht auch etwas mehr Sinnstiftendes anpacken wollen. Eine Vielzahl von Rentnerinnen und Rentnern will nicht ins «Altersstöckli» abgeschoben werden, sondern fühlt sich voller Tatendrang, um in dieser dritten Lebensphase einen nützlichen Beitrag zugunsten der Zivilgesellschaft zu leisten, sei dies sozial, karitativ, ökologisch oder politisch. Dabei sind verschiedene Gründe erkennbar, wieso eine Person nach einer (Früh-)Pensionierung noch weiter aktiv bleiben will. Genannt werden das Aufrechterhalten von sozialen Kontakten, finanzieller Zustupf für Hobbies und Beitrag zum Lebensunterhalt, geistig fit zu bleiben, Erfolgserlebnisse zu haben oder sinnstiftende Arbeit zu verrichten. Oftmals sind diese Beschäftigungen auch mit einer Entschädigung verbunden (vita, 2022).

In dieser Lebensphase sind verschiedene bezahlte und nicht bezahlte Beschäftigungsmodelle anzutreffen:

- Freiwilligenarbeit in einem sozialen, karitativen, ökologischen, sportlichen, kulturellen oder internationalen Umfeld,
- bezahlte (Teilzeit-)Arbeit als Mitarbeitende in einem Unternehmen,
- Gründung eines eigenen Start-ups,
- Business Angels als Investor (Business Angels, 2022),
- und andere.

4 Das Dreistufenmodell für die «Berufliche Neuorientierung mit 45plus»

Das im folgenden vorgestellte Dreistufenmodell «Berufliche Neuorientierung mit 45plus» basiert auf einer strukturierten Vorgehensweise, die sich eines kognitiven, emotionellen und methodischen Ansatzes bedient, eben mit Kopf, Bauch und Methodik. Der strukturierte und methodische Ansatz der vorliegenden Publikation wurde aufgrund von vielen Beratungsgesprächen, durchgeführten Workshops und persönlichen Begegnungen des Verfassers entwickelt.

Das Dreistufenmodell der beruflichen Neuorientierung beinhaltet folgende Stufen:

I. eine kritische Selbstreflexion,
II. die Entwicklung eines beruflichen Prototyps, und
III. die Umsetzung der beruflichen Visionen.

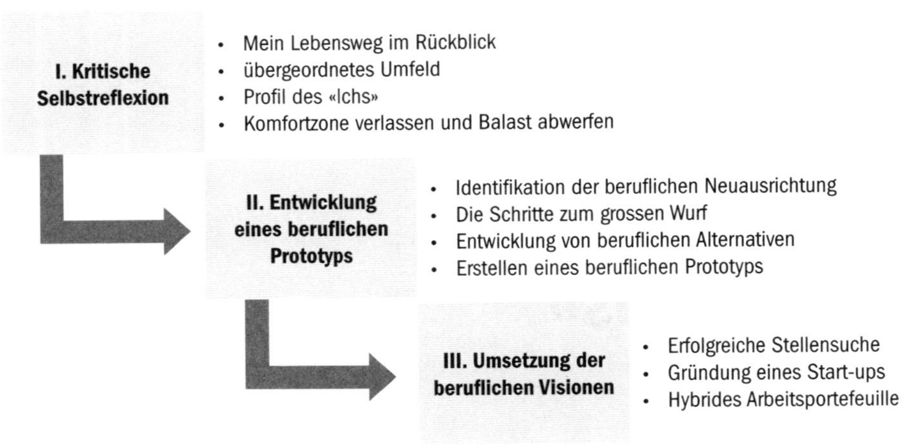

Abb. 2: Das Dreistufenmodell einer beruflichen Neuorientierung

Das Dreistufenmodell kann dabei wertvolle Unterstützung bieten. Beim ersten Schritt geht es um eine kritische Selbstreflexion und Selbstfindung zur eigenen Vergangenheit und zu seinem «Ich». Aufgrund der gesammelten Erkenntnisse über die Lebens- und Berufserfahrungen wird im zweiten Schritt versucht, die Stärken und Entwicklungspotenziale mit den eigenen Präferenzen zusammenzuführen, und im dritten und letzten Schritt fällt anhand des gewählten beruflichen Prototyps eine Grundsatzentscheidung an, ob das zukünftige Berufsleben mit 45plus als Arbeitnehmende, als Start-up oder in einer Hybridform gestaltet werden soll.

Die oben erwähnten Stufen werden in Einzelschritte unterteilt, die als Übersicht in der Tabelle Nr. 2 als Lese- beziehungsweise als Vorgehenshilfe dargestellt sind.

Tab. 2: Übersicht zu den Übungen für eine berufliche Neuorientierung

Übung Nr.	Thema	Beschreibung/Fragestellungen	Seiten zu Grundlagen/ Übungen
Stufe I: Kritische Selbstreflexion			
1	Roter Faden	Die Suche nach dem «roten Faden» in meinem Leben	48/93
2	Coaching	Qualitative Anforderungen an den begleitenden Coach	49/93
3	Persönliche Voraus-setzungen	Voraussetzungen für eine erfolgreiche Selbstreflexion	50/94
4	Lebensrückblick	Meine Lebensreise im Rückblick	55/94
5	Selbstreflexion	Kritische Selbstreflexion – einen grossen Schritt weiter	57/95
6	Lebensphilosophie	Was ist meine Lebensphilosophie?	58/96
7	Wertvorstellungen	Wieso sind Wertvorstellungen das «tragende Gerüst»?	59/96
8	Arbeitsphilosophie	Meine Einschätzung zur eigenen Arbeitsphilosophie	59/96
9	Lebens- und Arbeitsphilosophie	Konvergenz zwischen Lebens- und Arbeitsphilosophie	59/97
10	Straucheln und Versagen	Umwandlung in berufliche Potenziale	61/97
Stufe II: Entwicklung eines beruflichen Prototyps			
11	Sachzwänge und Ballast	Sachzwänge loslassen und Ballast abwerfen	62/98
12	Work Diary	Das Work Diary als Wohlfühlbarometer	67/98
13	Engagement, Ener-gie und Happiness	Die erste Auslegeordnung der beruflichen Visionen	67/99
14	Imaginärer Stellenbeschrieb	Die Entwicklung beruflicher Visionen mit einem imaginären Stellenbeschrieb	68/99
15	Beruflicher Prototyp	Die Konkretisierung der Zukunft mit einem beruflichen Prototyp	70/99
Stufe III: Umsetzung der beruflichen Visionen			
(a) Erfolgreiche Stellensuche			
16	Networking	Pflege und Weiterentwicklung des privaten und beruflichen Netzwerkes	73/100
17	Curriculum Vitae und Bewerbungs-schreiben	Der erste Eindruck zählt	77/100
18	Vorbereitung auf das Vorstellungs-gespräch	Vorbereitung und Gedanken zum Ablauf	82/101
19	Nachbereitung des Vorstellungsge-sprächs	Nachbereitung des Vorstellungsgesprächs – Lessons learned	83/101
(b) Gründung eines Start-ups			
20	Businessplan	Der erste Schritt zur Selbstständigkeit	86/101

Übung Nr.	Thema	Beschreibung/Fragestellungen	Seiten zu Grundlagen/ Übungen
(c) Hybrides Arbeitsportefeuille			
21	Hybrides Arbeits-portefeuille	Entscheidungsgrundlage	87/102
Gesamtevaluation des Prozesses für eine berufliche Neuausrichtung			
22	Gesamtevaluation des Prozesses für eine berufliche Neuorientierung	«Lessons learned»	92/102

4.1 Stufe I: Eine selbstkritische Hinterfragung des «Ichs»

Das Leben ist voller Überraschungen. Diese Weisheit gilt für die Vergangenheit, hat Berechtigung für die Gegenwart und ist zweifelsohne die Konstante in der Zukunft. Es gibt kein absolut planbares Leben. Jeder auch in gutem Sinne entwickelte Plan wird früher oder später von unvorgesehenen Ereignissen durchkreuzt. Die Zukunftsfrage «Wo denkst du in zehn Jahren zu sein?» ist in der Regel eher von rhetorischer Natur und soll den Befragten sanft auffordern, über seine längerfristige Lebensstrategie nachzudenken. Dies weniger im Sinne einer Karriereplanung, sondern eher im Sinne einer inhaltlichen Werteausrichtung und einer persönlichen Auseinandersetzung mit sich selbst (in Anlehnung an Burnett Bill und Evans Dave, 2016, S. 3).

Für die beruflichen Zukunftsplanung sind einige persönliche Eigenschaften und Verhaltensweisen notwendig. Eine erfolgreiche Selbstfindung und Neuorientierung der Karriere mit 45plus beginnt mit der Grundvoraussetzung und Bereitschaft, sich selbstkritisch zu hinterfragen und das Leben als Gestaltungsprozess zu verstehen. Start zu diesem Gestaltungsprozess ist das «Hier und Jetzt».

Um eine bestehende persönliche Situation neu zu definieren, sind folgende fünf Denkrichtungen und Grundvoraussetzungen notwendig (in Anlehnung an Burnett Bill und Evans Dave, 2016):

1. Sei neugierig.

Wie steht es mit meiner Neugierde? Interessieren mich neue Ideen und Gedanken? Bin ich offen für andere Lebensformen und Kulturen? Was fördert beziehungsweise schränkt meine Neugierde ein? Wie steht meine unmittelbare private Umgebung zu Neu-, Anders- und Querdenkern?

2. Versuche Neues – verlasse deine Komfortzone.
Wie waren deine Erfahrungen, als du etwas Neues ausprobiert hast, als du in der Vergangenheit einmal aus der bestehenden Struktur ausgerissen warst? Was oder wer hindert dich allenfalls daran, neue Welten zu entdecken? Wer hat dich allenfalls positiv begleitet beim Verlassen der Komfortzone? Welche Gefühle kamen auf, als du etwas Anderes ausprobiert hast? Welche Enttäuschungen hast du allenfalls erlebt? Bist du wieder zurückgekehrt in deine alte Umgebung und dein vorangegangenes Lebensmuster?

3. Erstelle eine Auslegeordnung deiner Situation und sortiere diese neu.
Kannst du selbstkritisch über dein Leben nachdenken und auch schriftlich formulieren? Wann hast du über dein Leben insgesamt das letzte Mal eine selbstkritische Auslegeordnung erstellt? Hast du diese Auslegeordnung mit einer vertrauten Person besprochen? Was ist dabei herausgekommen?

4. Verstehe dein Leben als Prozess.
Wie verstehst du dein Leben? Hast du zeitliche Pläne, kurz-, mittel- und langfristig? Wie gehst du mit dem Thema «Ungewissheit» um? Wie spontan bist du? Wie flexibel bist du, einen bestehenden Lebensweg neu zu definieren? Wer und was ist dabei förderlich beziehungsweise allenfalls einschränkend?

5. Bitte um Hilfe.
Hast du eine oder mehrere Personen des Vertrauens? Wie gut kannst du mit anderen Personen über persönliche Themen reden? Welche Erfahrungen hast du dabei gemacht? Welche Ängste verbinden sich allenfalls dabei?

Im Leben lassen wir uns vielfach von Trugschlüssen leiten, die uns vielleicht bewusst, aber auch oftmals nicht bewusst sind. Es ist auch möglich, dass diese absichtlich oder auch unabsichtlich durch unser Umfeld verstärkt oder abgeschwächt werden. Sich von diesen zu lösen, braucht es eine gewisse kritische Distanz zum «Ich», die es bewusst zu überwinden gilt.

4.1.1 Persönliche Anforderungen für eine berufliche Neuorientierung

Trugschluss Nr. 1: Kenntnisse der eigenen Lebensreise – nicht notwendig!

Trugschluss: Ich weiss schon, wohin meine Lebensreise und meine berufliche Zukunft gehen.

Neudenken: Du kannst nicht irgendwo hingehen, solange du nicht weisst, wo du gerade stehst, und deine jetzige Lebenssituation vertieft analysiert hast.

Wo stehe ich? Was habe ich in meinem Leben gut gemacht? Aus welchen bitteren Erfahrungen habe ich gelernt? Bei welchen Themen begehe ich immer die gleichen Fehler? Was bereitet mir Freude und bei welchen Aktivitäten erlebe ich Frust, Angst oder Unwohlsein? Die Auflistung dieser Fragen könnte noch erweitert werden. Eine solche Eigenevaluation ist sehr wichtig und führt zu einer kritischen Selbstfindung, ist aber letztlich nicht hinreichend. Die Frage des persönlichen Umfelds ist von Bedeutung. Mit welchen persönlichen und beruflichen Verwurzelungen muss ich mich auseinandersetzen? Wie sieht mein privates und berufliches Beziehungsnetz aus? Welche sozialen und kulturellen Potenziale beinhalten meine nähere Umgebung? Wie sieht die Struktur der regionalen Wirtschaft aus, in der ich letztlich arbeiten will? Welche übergeordneten Faktoren wie öffentliche Verkehrsanbindung, Umwelt, politische Situation, regulative Einschränken und vieles mehr sind ebenfalls in eine «Ich»-Analyse einzubeziehen? Eine Vielzahl von Einzelthemen, die eine Antwort bedingen.

Ein wirksamer Ansatz besteht darin, seinen Lebensweg strukturiert und selbstkritisch aufzubereiten, zu dokumentieren und mit einer oder mehreren Personen des Vertrauens zu besprechen.

Übung Nr. 1: Die Suche nach dem «roten Faden» in meinem Leben

Wie sieht mein Lebensweg als «roter Faden» aus, und wer waren meine Weichenstellerinnen oder Weichensteller bis anhin? Seite 93

4.1.2 Anforderungen an eine Vertrauensperson oder an einen Coach

Trugschluss Nr. 2: Unterstützung durch Drittpersonen – nein danke!

Trugschluss: It is my life! Ich muss mein Leben selber gestalten und entwickeln. Dafür brauche ich keine Unterstützung einer Drittperson oder eines Teams.

Neudenken: Du lebst dein Leben. Hingegen schliesse dich für deine persönliche Weiterentwicklung mit vertrauenswürdigen Personen oder einem Coach kurz, wo immer sinnvoll.

Entscheidend für eine berufliche Neuorientierung ist, dass der Prozess durch eine Person des Vertrauens oder einen qualifizierten und vertrauenswürdigen

Coach begleitet wird. Diese Vertrauensperson kann aus dem Verwandten- oder Bekanntenkreis, aus privaten oder beruflichen Kontakten, aus einem Sportverein, aus einem Kulturengagement, aus dem Studium oder Militärdienst, aus dem Service-Club oder irgendwelchen losen oder halbstrukturierten Kontaktgeflechten ausgewählt werden.

Was sind die wichtigsten Anforderungen an eine Vertrauensperson oder an einen Coach? (in Anlehnung an CleverMemo.com, 2022; Schuy Marcel, 2022)

- Die Zielsetzungen eines Coachings müssen klar definiert sein.
- Eine wichtige Fähigkeit ist, dass der Coach zuhören und einen konstruktiven Dialog führen kann.
- Eine empathische Beobachtungsgabe ist eine weitere Voraussetzung.
- Die «Chemie» zwischen der betreuten Person und dem Coach muss stimmen.
- Ein guter Coach muss neugierig sein und sich in das Gegenüber eindenken und einfühlen können.
- Das Coaching wird mit einem «roten Faden» geführt, der durchaus auch Abweichungen zulässt.
- Konstruktive und regelmässige Feedbacks wirken aufbauend und gehören zu einem professionellen Coaching.
- Der Coach hat einen grossen Werkzeugkasten an unterschiedlichen Instrumenten und Techniken, die er situationsgerecht einsetzen kann.
- Ein erfolgreiches Coaching bedingt auch Kontakte zwischen den einzelnen Sessions.

Übung Nr. 2: Qualitative Anforderungen an eine Vertrauensperson oder den begleitenden Coach

Welches sind meine Anforderungen an eine Vertrauensperson oder den begleitenden Coach? Seite 93

4.1.3 Selbstkritische Reflexion

Trugschluss Nr. 3: Eine kritische Selbstreflexion schadet mir mehr, als sie nützt.

Trugschluss: Ich kenne mich gut genug und brauche keine zeitaufwendige und kritische Selbstspiegelung.

Neudenken: Deine Stärken und Schwächen verbunden mit deinen zukünftigen Potenzialen kannst du nur erarbeiten, wenn du dich selbstkritisch und vertieft mit deiner Person und Situation auseinandersetzt.

Eine neue Lebensreise und somit eine zukünftige berufliche Neuausrichtung beginnt immer beim «Ich». Letztlich zeugt der Lebenswunsch von einer uralten Sehnsucht nach persönlicher Selbstverwirklichung. Zudem ist Leben immer endlich. Der eingeschlagene Lebensweg kann immer wieder durch Zufälle geändert werden. Diese Sehnsucht nach einer Veränderung ist Thema nicht nur in der Karriereberatung, sondern wird unterstützt in der sanften Muse.[6] Aber auch die Glücksforschung in der Ökonomie bewirtschaftet das Thema des «Glücklichsein» (Frey Bruno S., 2018). Die Institutionalisierung von Glückseligkeit kann beispielsweise auch ein strategisches Ziel in der Politik sein. Die Planungskommission des Royal Governement of Bhutan wurde im Jahre 2007 in die «Gross National Happiness Commission (GNHC)» umbenannt, um die strategische und institutionelle Einbindung von Massnahmen zu Glück samt den entsprechenden Messinstrumenten in den politischen Entscheidungsprozess zu verankern (Gross National Happiness Commission, 2019).

Übung Nr. 3: Voraussetzungen für eine erfolgreiche Selbstreflexion
Welche persönlichen Voraussetzungen sind für eine kritische Selbstreflexion notwendig?
Seite 94

4.1.4 Mein Lebensweg im soziohistorischen und -ökonomischen Rückblick

Trugschluss Nr. 4: Das Umfeld meiner eigenen Vergangenheit ist bedeutungslos für die Zukunft.

Trugschluss: Ich kann mich nur recht und schlecht an mein bisheriges Lebensumfeld erinnern, wobei ich mir auch nicht recht vorstellen kann, welche Rolle diese Themen bei der Gestaltung meiner Zukunft haben.

Neudenken: Deine persönliche Vergangenheit sowie deine soziokulturelle, sozioökonomische und soziohistorische Umgebung in deiner Kindheit sind wichtige Eckpfeiler für eine erfolgreiche Gestaltung deiner beruflichen Zukunft.

Persönliche Erfahrungen aus der eigenen Kindheit sind vielfach ausschlaggebend für die Zukunft. Es besteht ein grosser Zusammenhang zwischen dem gelebten Dasein und dem soziokulturellen und -ökonomischen Hintergrund des Heranwachsens. Darin enthalten sind der soziohistorische und geografische Standort, Lebenszeitplanung und persönliche Kontrolle, Heterogenität und Variabilität, Lebensverknüpfung und soziale Bindungen mit anderen. Mein

6 Bon Jovi in «My Life» oder Frank Sinatra in «I did it my way» und viele andere besingen diesen inneren Wunsch, sein «Ich» zu finden.

Lebensweg im Rückblick, auch als «Life Course Theory» bezeichnet, fokussiert auf die Beziehung zwischen dem Leben und dem geschichtlichen und sozioökonomischen Umfeld, in welchem sich dieses Leben entwickelt hat (in Anlehnung an Giele J. und Elder G., 1998).

Dabei gilt es unterschiedliche Zeittypologien zu unterscheiden, nämlich die individuelle Zeit (ontogenetic time), die Kohorten- oder Generationenzeit (cohort time) und die geschichtliche Zeit (historical time) (Price Sharon J. et al., 2000). Die individuelle Zeit orientiert sich an einzelnen Lebensphasen wie Kindheit, Pubertät, Erwachsensein und Altwerden. In welcher Zeitspanne eine Person lebt, wird als Generationenzeit genannt. Personen, die zwischen 1946 und 1964 geboren wurden, werden als Babyboomer bezeichnet. Man nimmt dabei an, dass Personen, die in einer bestimmten Zeit geboren wurden, zum Teil ähnliche allgemeine Lebenserfahrungen erlebt haben. Die historische Zeit referenziert übergeordnete Veränderungen der Gesellschaft und des Umfelds, welche das Leben von Familien und Einzelpersonen beeinflusst haben, das heisst zum Beispiel Krieg, wirtschaftliche Schwankungen, Energieverknappungen oder technologische Veränderungen wie die zurzeit stattfindende Digitalisierung des Lebens und der Wirtschaft, sowie die rasante Entwicklung der künstlichen Intelligenz (KI), die unser Leben revolutionieren. (Deloitte, 2016). Verschiedene grundsätzliche Annahmen charakterisieren den Life Course Approach (Encyclopedia.com, 2022), nämlich:

Soziohistorischer und -geografischer Standort

Der Entwicklungspfad einer Person ist in die geschichtliche Periode und den geografischen Standort eingebettet, in der sie lebt. Dies bedeutet, dass Wahrnehmung, Verhalten und Entscheidungen stark durch die Umwelt mitgeprägt werden. In frühster Kindheit werden die Umstände geprägt, welche Einflüsse die Lebensentwicklung einer Person ausüben.

Lebenszeitplanung und persönliche Kontrolle

Grundsätzlich sind drei Zeitvorstellungen für den Lebenskurs von Bedeutung. Es sind dies persönliche Zeit, generationelle Zeit und historische Zeit. Die persönliche Zeit bezieht sich auf die chronologische Zeit. Es wird angenommen, dass Lebensphasen wie Kindheit, Adoleszenz und späteres Leben Einfluss auf Positionen oder Rollen in der Gesellschaft haben (Price Sharon, McKenry Patrick C. und Murphy Megan, 2000).

Heterogenität oder Variabilität

Diversität in gesellschaftlichen Strukturen ist ein anderes Prinzip der Life-Course-Prinzipien. Die Annahme, dass altersmässige Kohorten die gleichen Lebensprinzipien teilen, ist falsch. Im Gegenteil, sie unterscheiden sich nach Geschlecht, sozioökonomischer Herkunft, Familienstruktur, Ethnizität und Religion. Die Fähigkeit der Änderung der Lebensgestaltung wird durch das soziale (Familienstruktur), ökonomische (Vermögen) und kulturelle Kapital (Bildung) geprägt (Mitchell Barbara A., 2003).

Lebensverknüpfungen und soziale Bindungen

Gesellschaftliche und individuelle Erfahrungen werden durch die Familie und deren Netzwerk gebildet. Anspruchsvolle Momente wie der Tod eines Familienmitglieds können auch die Beziehung innerhalb der Familie verändern beziehungsweise auch Familienstrukturen, Empfindlichkeiten, Anpassungsverhalten und Familienresilienz stärken. Persönliche Attribute einzelner Familienmitglieder können Anpassungen in der Gruppe auslösen (in Anlehnung an Giele J. und Elder G., 1998).

Anpassungsfähigkeit und persönliche Kontrolle

Individuen sind aktive Gestalter, welche nicht nur Bestandteil einer sozialen Struktur sind, sondern diese durch ihre Handlungen auch beeinflussen. Es wird angenommen, dass jeder Einzelne die Fähigkeit hat, in überlegter, proaktiver und selbstkontrollierender Art seine institutionelle Einbindung und gesellschaftliche Beziehungen zu steuern. Es gilt jedoch festzuhalten, dass die Wahlmöglichkeiten abhängig von Chancen und Einschränkungen sind (in Anlehnung an Mitchell Barbara A., 2003).

Die Vergangenheit prägt die Zukunft

Ein weiterer Einflussfaktor dieses Ansatzes besteht darin, dass frühere Entscheidungen im Leben, Möglichkeiten und Lebensbedingungen die späteren Outcomes beeinflussen. Die Vergangenheit hat das Potenzial, die Gegenwart und die Zukunft zu beeinflussen. Dabei können verschiedene Stufen betroffen sein, wie generationelle Einbindung beziehungsweise die individuelle und familiäre Ebene. Erfahrungen aus der Vergangenheit, zum Beispiel Schulversagen, Armut in der Kindheit, Gewalt in der Familie, können eine Kettenreaktion auslösen. Solche Lebensbedingungen können das spätere Leben prägen, beispielsweise den sozioökonomischen Status, die seelische Gesundheit, physisches Wohlergehen und Beziehungsverhalten. Diese Langzeitperspektive ermöglicht, frühere positive wie negative Lebenserfahrungen als Erklärung für soziale Ungleichheiten heranzuziehen (O'Rand Angela, 2018).

Tab. 3: Stichworte für eine historische Beurteilung der 1960er-Jahre (Beispiel)

1960er	Ökonomie	Politik	Gesellschaft und Kultur
1962 (28.12.1962)	• Wirtschaft läuft auf Hochkonjunktur • Durchbruch Grosser St. Bernhard	• Waffenstillstand in Algerien • Bundespräsident Dr. Willi Spühler • Kriegsangst zwischen Ost und West	• Twist König Johny Hallyday tritt in Genf auf • Beginn der Bauarbeiten für Expo 62 • Schulklasse reinigt St. Peters Insel mit 2.5 t Schutt • Tod von Gottlieb Duttweiler
1963 (27.12.1963)	• Strommangel wegen leerer Stauseen • 1. Erdölraffinerie in Collombey eröffnet • Zu langsamer Bau von Kläranlagen • 2. Jura-Gewässer-Korrektion beginnt • DC 8 Weltrekord der Swissair: Nonstop von Los Angeles nach Beirut • Überhitzung der Schweizer Wirtschaft	• Lötschbergbahn feiert ihren 50. Geburtstag • Militärdefilee in Dübendorf • Nationalrat wird gewählt mit erstmals 200 (männlichen) Mitgliedern • Tod von John F. Kennedy	• Seegfrörni in Zürich • Verschmutzte Seen und Flüsse • Typhus-Epidemie in Zermatt • Absturz einer Caravelle der Swissair über Dürrenäsch • Mesoscave: 1. friedliches Unterseeboot • Erster 2-m-Hochsprung (Trautmann) • Eidgenössisches Turnfest in Luzern
1964 (1.1.1965)	• Eröffnung Autobahn von Genf nach Lausanne • Eröffnung Grosser St. Bernhard • Neue MUBA Halle • 3000 Kernforscher aus 71 Ländern am CERN in Genf • Verschiedene neue Staudämme • Malroboter wird erfunden	• 100 Jahre Rotes Kreuz • Beschaffung Mirage: Vertrauenskrise zwischen Bundesrat und Parlament • «Trostlose Verschmutzung» der Gewässer • Thema Überfremdung kommt auf • Freiwillige Helfer bereiten sich auf einen Entwicklungseinsatz in Afrika vor	• Expo 1964 in Lausanne mit rund 12 Mio. Besuchern • Genf: Feier zum 400. Todestag von Johannes Calvin • Gloriose Rückkehr der Olympia-Sieger aus Tokyo • Erfindung der Velo-Uhr • Tinguely-Maschine an der Expo als Symbol für eine weltoffene Schweiz
1965 (30.12.1965)	• n. a.	• n. a.	• Zürich: Idee Jahr der Alpen «geboren» mit dem Ziel, «Schweiz als naturverbundenes Ferienland zu festigen»

1960er	Ökonomie	Politik	Gesellschaft und Kultur
1966 (30.12.1966)	• Schweizer Holzfällmaschine in Brüssel als weltbeste Erfindung • Biaziose durch Schweizer Forscher heilbar geworden • Umfahrung der Tremola-Schlucht	• Eidg. Beamte fordern 44-h-Woche • Neue persönliche Ausrüstung in der Schweizerarmee • Einweihung des Swiss Centers in New York • Wahl von Nello Celio in den Bundesrat	• Paris: Mode Courage • Weltmeisterschaft im Eiskunstlaufen • Davos: Fixation eines Knochenbruches bei einem Schaf • 20 Jahre Pestalozzi Dorf in Trogen • Tod des Künstlers Albert Giacometti
1967 (26.12.1967)	• Eröffnung Autobahn zwischen Öhnsingen und Hunzenschwil • Swissair Verwaltungszentrum in Balsberg fertig erstellt • Shopping Center Spreitenbach eröffnet	• Besuch des Schahs von Persien in der Schweiz • BR Bonvin wird Bundespräsident • Jura-Demonstrationen	• Friedensdemonstrationen • Eidg. Turnfest im Wankdorfstadium in Bern • Corbusier Haus in Zürich eröffnet • Weltausstellung in Montreal mit beeindruckender Teilnahme der Schweiz
1968 (3.1.1969)	• Wohlstandsjahr 1968 • Akuter Nachwuchsmangel in den Forschungslabors • Genf-Cointrin eröffnet • Spatenstich des Neutechnikums in Buchs SG • Milchschwemme in der Schweiz • 2-Fränkler nicht mehr aus Silber	• Einmarsch der russischen Truppen in der Tschechoslowakei • Grosszügige Aufnahme von tschechischen und slowakischen Flüchtlingen in der Schweiz • Grundsteinlegung des neuen UNO-Gebäudes in Genf • Evaluation eines neuen Erdkampfflugzeuges	• Heimkehr der Olympioniken aus Mexico mit wenigen Medaillen • Fireball-Segler auf dem Urner See • Verkehrsverstopfung in den Schweizer Städten
1969 (2.1.1970)	• Einweihung Nationalstrasse zwischen Wengi und St. Gallen • Papst Paul VI. ehrt in Anwesenheit 50-Jahr-Jubiläum des ILO	• Ausbildung der 1. Fallschirm-Grenadiere • Staatsbesuch von Franz Jonas aus Österreich	• Apollo 11: Erste Schritte auf dem Mond • Schweiz qualifiziert sich nicht zur Fussball-WM • Dumeng Giovanoli wird Schweizermeister im Slalom • Skibob-Weltmeisterschaften in Montana Crans • 100 km Schweizermeisterschaft im Gehen • James Bond in Lauterbrunnen

Quellen: Memoriav, 2022; Handelszeitung (2011); Swissinfo (Jahr unbekannt).

Welche Erkenntnisse können wir aus dieser Grobanalyse ableiten?

- Es müssen verschiedene Faktoren bei der Lebensgestaltung berücksichtigt werden.
- Dieses Analyseinstrument verleiht Übersicht und hilft, die verschiedenen Elemente zu strukturieren, zu ordnen und zu gewichten (lifecoursetools.com, 2022).
- Die Erkenntnisse der Umfeldanalyse des «Ichs» müssen selbstkritisch beurteilt und deren Schlussfolgerungen sorgfältig aufbereitet werden.

Übung Nr. 4: Meine Lebensreise im Rückblick
Wie sieht meine Lebensreise im Rückblick aus? Seite 94

4.1.5 Profil des «Ichs»

Trugschluss Nr. 5: Das Verdrängen der eigenen Schwächen schützt mich.

Trugschluss: Meine Stärken machen mich stolz. Meine Schwächen verdränge ich geflissentlich.

Neudenken: Die vertieften Kenntnisse der eigenen persönlichen Stärken und Schwächen schärfen das Bild deiner Persönlichkeit und stellen eine Ressource dar.

Mein persönliches Umfeld

Bei der Beurteilung des persönlichen Umfeldes gibt es eine Anzahl von Indikatoren zu evaluieren, die allenfalls relevant für die Beurteilung der eigenen Potenziale beziehungsweise der Einschränkungen in der Persönlichkeitsentwicklung sind. Also wer sind Friends, Family und Fools? Fragen dabei sind:

- Wie sieht deine soziale Integration aus, analog und digital?
- Wie sieht dein Portfolio an und das Zusammenspiel von persönlichen, beruflichen und ausserberuflichen (Freizeit-)Aktivitäten aus?
- Mit wem sprichst du über persönliche Anliegen und Unsicherheiten im Leben?

Zur Klärung des «Ichs» sind einige sehr persönliche Fragen zu beantworten. Dabei ist selbstkritische Ehrlichkeit eine unverzichtbare Voraussetzung. Was sind die Inhalte und die Qualität meiner Arbeit, meiner Gesundheit, meiner Freizeit und der Zustand meines «Seelenlebens»? Zu reflektieren sind beispielsweise folgende Themen (teilweise in Anlehnung an Bernett Bill und Evans Dave, 2016):

Gesellschaftliche Verwurzelung

Die Verwurzelung mit der ursprünglichen Scholle kann sehr unterschiedlich sein. Abhängigkeiten können aus familiären Banden entstehen, aber auch aufgrund des Freundeskreises, des lokalen beziehungsweise des regionalen (!) Dialektes, des Engagements in Vereinen, der Vertrautheit der Umgebung, der Definition der eigenen Komfortzone oder auch aufgrund des Vorhandenseins von Vorbildern. Wie mobil bin ich geografisch und sozial? Macht meine unmittelbare Umgebung bei einer fundamentalen Neuorientierung mit? Was braucht es? Es bringt nichts, wenn der ideale berufliche Lebensmittelpunkt entweder nicht in einer vernünftigen Pendlerdistanz liegt oder ein Umzug aus den unterschiedlichsten Gründen in die Nähe des neuen Betätigungsfeldes nicht möglich ist.

Inhalte und Qualität meiner gegenwärtigen Arbeit

In einer Liste über die Arbeit müssen alle Tätigkeiten aufgeführt werden, bei denen ein Salär für einen Haupterwerb bezahlt wird. Aber ebenso erwähnt werden müssen zum Beispiel die Tätigkeiten aus einem bezahlten Nebenerwerb. Falls Arbeiten als Volontär in irgendeiner Form geleistet, müssten diese auch aufgelistet werden. Auch die Arbeit als Familienmutter oder -vater, welche die Vielfalt der Führung eines Haushaltes beinhalten, oder die Pflege der Eltern oder Verwandten sind Bestandteil der Arbeit.

Mein Gesundheitszustand

Die Beurteilung der eigenen Gesundheit von Körper, Geist und Seele hat einen grossen Einfluss nicht nur auf das physische Wohlbefinden, sondern auch auf die zukünftigen Berufspläne. Welche Schwachstellen erkennst du in deinem Leben, wie beispielsweise Übergewicht, Sucht, Depressionen? Welche Bedeutung die einzelnen Bereiche für den Einzelnen haben, ist sehr unterschiedlich. Wie die eigene Gesundheit – allenfalls unter Beizug eines Arztes – beurteilt wird, hat einen grossen Einfluss auf die Lebensqualität und dient letztlich auch als Grundlage, wie eine allfällige berufliche Neuorientierung aussehen könnte.

Meine Freizeitaktivitäten

Freizeit sollte freie Zeit sein und Freude bereiten. Je nach Person können ganz unterschiedliche Aktivitäten zu einem positiven Lebensgefühl beitragen. Wichtig ist aber, dass sie Freude bereiten und nicht eine eigentliche Anerkennung zum Ziel haben. Freizeit ist ein wichtiger Schritt bei der Entwicklung einer Lebensstrategie im Rahmen der beruflichen Neuorientierung.

Zustand meines Seelenlebens

Gefühle und Liebe sind ein eng verwobenes Wortpaar. In einer Welt ohne Emotionen fühlen wir uns verloren. Wer ist unsere primäre Ansprechperson bei Problemen: Ehepartner/-in, Kinder, Freunde, Verwandte, Religionsgemeinschaften, Haustiere, Landschaften, Bäume oder irgendetwas, das uns Geborgenheit bringt? Wie steht es mit deinen Gefühlen? Wem geben wir Liebe, und von wem erhalten wir Liebe? Wie fliesst Liebe im Leben, von einem oder von andern? Welche Tätigkeiten machen dir Freude, welche belasten dich? Woran orientiert sich dein Glaube?

Umgang mit Glück, Schicksal oder Karma

Der Wunsch in den westlichen Kulturen, alles im Voraus zu planen und somit der Ungewissheit der Zukunft entgegenzuwirken, ist weit verbreitet. Keine Biografie läuft so ab wie ursprünglich geplant. Es gibt keine verlässliche im Voraus bestimmbare Road Map des Lebens. Wie gehe ich mit dieser Ungewissheit um? Wann spielt mir das Glück in die Hände, wann schlägt das Schicksal zurück? Die Kristallkugel kann hier auch nicht helfen. In jedem Leben gibt es Zufälle wie aussergewöhnliche Begegnungen, welche gewollt oder ungewollt die Weichen neu stellen. Ist Schicksal im Leben die grosse Unbekannte oder schlichtweg das Karma, wie es in fernöstlichen Kulturen bezeichnet wird?

Regionale Wirtschaft und Mobilität

Die Struktur der regionalen Wirtschaft sowie die dazugehörigen Arbeits- beziehungsweise Beschäftigungsmöglichkeiten sind für eine berufliche Neuorientierung nicht unwesentlich. Was bietet die regionale Wirtschaft? Wie dynamisch ist eine Region? Welche beruflichen Möglichkeiten im Anstellungsverhältnis in der Privatwirtschaft, in der öffentlichen Verwaltung, in einer karitativen Organisation oder als Selbstständigerwerbender sind gegeben? Welche tägliche Pendlerdistanz erachte ich als akzeptabel? Gibt es allenfalls lohnmässige Beweggründe für ein Wegpendeln? Oder kann ich meine zukünftige Tätigkeit ausschliesslich oder teilweise im Homeoffice erledigen?

Übung Nr. 5: Kritische Selbstreflexion – einen grossen Schritt weiter

Wie sehe ich und beurteile ich mein «Ich»? Seite 95

4.1.6 Identifikation der beruflichen Neuausrichtung

Trugschluss Nr. 6: Ungewissheit und Ängste auf dem zukünftigen Lebensweg

Trugschluss: Ich sollte wissen, wohin ich gehe!

Neudenken: Du weisst nicht immer, wohin du gehst. Aber du weisst immer, ob du in die richtige Richtung gehst.

Es braucht für die Justierung des Lebenswegs zwei Sachen, nämlich eine Beurteilung der Rolle der eigenen Arbeit beziehungsweise eine Beurteilung der Lebensvorstellungen bzw. des Lebensglücks. «Ich lebe, um zu arbeiten, oder arbeite, um zu leben?» ist eine geflügelte Redewendung. Welche Faktoren definieren Arbeit als gut? Sobald jeweils die Antwort auf die Frage über die persönliche Erfüllung in der Arbeit und die entsprechenden Gründe dazu formuliert werden können, sind gute Voraussetzungen für ein selbstbestimmtes Leben gegeben. Die Entwicklung der eigenen Arbeitsansichten ist ein wichtiger Bestandteil eines nachhaltigen und glücklichen Berufs- beziehungsweise Lebenskonzepts.

Wie kann die Lebenseinstellung inhaltlich beschrieben werden. Jede Person hat eine bestimmte Lebensorientierung, manchmal intuitiv gelebt, manchmal explizit ausformuliert. Was ist im Leben sinnstiftend? Die Arbeits- und Lebenseinstellung ändert sich im Laufe der Jahre. Als Kind orientiert sich diese an den Werten der Eltern, bei jungen Erwachsenen und im mittleren Lebensabschnitt gibt es vielfach eine Neuorientierung bis Ende des erwerbsfähigen Alters, und wiederum ändert sich die Lebenseinstellung im dritten Lebensabschnitt. Wichtig ist jedoch die Lebensphase, in der eine Person momentan steckt. Das ist die Grundlage für die Justierung des Kompasses. Es ist also nicht notwendig für den Rest des Lebens, alles zum jetzigen Zeitpunkt zu wissen (in Anlehnung an Burnett Bill und Evans Dave, 2016, S. 41).

Unsere Lebensziele sind vordergründig eigentlich recht einfach:

- Wer bin ich?
- Welche sind meine Werte?
- Was bewirkst du?
- Wohin will ich?

Übung Nr. 6: Was ist meine Lebensphilosophie?

Was hat meine Lebensphilosophie mit der Zukunft zu tun? Seite 96

Bei diesen Fragen werden die persönlichen Werte angesprochen. Unbestritten sind die gelebten und angestrebten Werte eine sehr persönliche Angelegenheit, die es gilt zu erkennen, aber auch für die Weiterentwicklung des Lebens- und Berufsmodells zu dokumentieren. Ein mögliches Hilfsmittel für die Aufarbeitung der eigenen Wertvorstellungen ist eine Auslegeordnung von unterschiedlichsten Wertvorstellungen (Values Academy, 2022). Die Aufbereitung der eigenen Werte dient als Grundlage für die Auseinandersetzung mit der zukünftig angestrebten Arbeitsphilosophie der beruflichen Tätigkeit.

Übung Nr. 7: Wieso sind Wertvorstellungen das «tragende Gerüst»?
Welches sind meine gelebten und angestrebten Werte? Seite 96

Die Auseinandersetzung mit der Frage «Welche philosophische Bedeutung hat Arbeit für mich?» hat unglaublich viele Facetten. Die philosophische Relevanz von Arbeit von der Antike bis zur Neuzeit ist ständigen Veränderungen unterworfen. Für eine vertiefte historische Auseinandersetzung wird auf die vielfältigen verfügbaren Quellen zum Thema verwiesen. Aber auch innerhalb einer bestehenden Gesellschaft wird Arbeit philosophisch unterschiedlich wahrgenommen und interpretiert. Gerade die in der vorliegenden Publikation angesprochenen Babyboomer sowie Teile der Generation X haben durchweg unterschiedliche Einstellungen zum Thema Arbeit im Gegensatz zu den Generationen Y und Z (in Anlehnung an Althaus Nicole und Isler Thomas, 2022).

Übung Nr. 8: Meine Einschätzung zur eigenen Arbeitsphilosophie?
Was ist meine Arbeitsphilosophie? Seite 96

Wie hängt nun das Zusammenspiel von Arbeits- und Lebensphilosophie zusammen? Inwiefern die Arbeits- und die Lebensphilosophie deckungsgleich, ergänzend oder ganz unterschiedlich sind, hängt von der einzelnen Person ab. Möglicherweise sind Personen am glücklichsten, wenn es zwischen den persönlich gelebten Werten und Vorstellungen und den beruflichen Werteanforderungen im Arbeitsalltag keine grundsätzlichen Abweichungen gibt.

Übung Nr. 9: Konvergenz zwischen Lebens- und Arbeitsphilosophie
Inwiefern stimmen meine Lebens- mit der Arbeitsphilosphie überein? Seite 97

4.1.7 Umwandlung von Straucheln und Versagen in Potenziale

Trugschluss Nr. 7: Was zählt im Leben?

Trugschluss: Ein Leben wird vielfach am Erreichten gemessen und beurteilt. Ein Straucheln schadet meinem sozialen Status und meinem Selbstwertgefühl und behindert somit meine beruflichen Zukunftschancen.

Neudenken: Das Leben ist ein Prozess, und kein Resultat. Jede allfällige Zäsur im Leben - ob negativ oder positiv - ist auch eine Chance, die es immer zu nutzen gilt.

Glückliches und erfolgreiches Leben bedingt ausprobieren, neue Sachen anpacken, alte Gewohnheiten zurücklassen, also die Komfortzone zu verlassen und neue Lebensufer anzupeilen. Wichtig ist die Grundannahme, dass wir unser Leben selber in die Hand nehmen, neugierig und proaktiv in die Zukunft schauen. Dabei stellen sich auch Straucheln und Versagen ein. Aus diesem Grund ist es wichtig, wie mit solchen Insuffizienzen des Lebens umzugehen ist. Fehler machen gehört zum Leben wie das Amen im Gotteshaus. Erfolg und Versagen sind Bausteine für die weitere Lebensgestaltung (in Anlehnung an Burnett Bill und Evans Dave, 2016, S. 182).

Das Leben hat «Spielzüge» wie im Schachspiel, die erfolgreich oder auch weniger erfolgreich abgeschlossen werden, wie zum Beispiel das Ablegen einer Prüfung in der Schule. Solche endlichen Spielzüge sind zahlreich in unserem Leben ersichtlich. Unendliche Spielzüge verlangen Engagement über das ganze Leben, wie beispielsweise die Verbindung zu den eigenen Kindern.

Was bedeutet dies für die Lebens- und Berufsplanung? Orientieren wir uns hauptsächlich an endlichen Aktivitäten, empfinden wir Versagen als sehr schmerzvoll und vielfach demotivierend. Auf der anderen Seite ist ein unendlicher Fokus im Leben sehr erfüllend, weil auch bei Versagen Schmerzgefühle aufkommen, hingegen die längerfristige Perspektive im Leben keine existenzbedrohenden Gefühle verursacht (in Anlehnung an Carse James, 2013).

Es gilt, aus den verschiedenen Schwächen (critical failure factor) einmal oder zweimal monatlich Potenziale zu identifizieren, aus denen für die Zukunft Learnings für die persönliche Entwicklung abgeleitet werden können. Aber auch die eigenen Stärken (critical success factor) sind für die Persönlichkeitsbildung sehr wichtig.

Ist dieser Ansatz überhaupt realistisch im Alltag? Ein Versagen zu analysieren und die Erkenntnisse daraus als Grundlage für die Neuorientierung unserer Lebensperspektive zu verwenden, macht Sinn und kann erfolgversprechend sein. Ein erlebter Erfolg auf der anderen Seite wird in der gleichen Art verwertet und als positiver Verstärker in die weitere Berufs- und Lebensplanung eingebaut.

Übung Nr. 10: Straucheln und Versagen – Umwandlung in berufliche Potenziale
Liste dein bisheriges Versagen und deine Unzulänglichkeiten auf und wandle diese in berufliche Potenziale um. Seite 97

4.2 Stufe II: Prototypisierung der beruflichen Zukunft

Trugschluss Nr. 7: Glücklich sein ist Utopie und unerreichbar.
Trugschluss: Glücklich ist, wer alles hat!
Neudenken: Glücklich ist, wer alles loslässt, was er nicht braucht.

Die Entwicklung eines auf die eigene Person massgeschneiderten beruflichen Prototyps bedingt einen prozessualen und innovativen Ansatz verbunden mit einer offenen Einstellung zur Zukunft. Dabei gibt es einige Eckwerte, die es im Prozess zu berücksichtigen gilt.

4.2.1 Sachzwänge loslassen und Ballast abwerfen

Trugschluss Nr. 8: Ich weiss weder ein noch aus.
Trugschluss: Ich bin festgefahren.
Neudenken: Du bist nie festgefahren, weil du dich zuerst von Sachzwängen lösen musst und anschliessend neue Ideen entwickeln kannst.

Eine wichtige Handlung bei der Entwicklung einer beruflichen Neuorientierung ist, sich von eigenen Sachzwängen zu lösen und Ballast abzuwerfen, also sich letztlich zu befreien und offen für Neues zu sein. Wer nimmt sich jeweils nicht am Jahresende vor, sich psychisch zu entrümpeln, physisch neu zu starten und allgemein mit guten Vorsätzen das Neue Jahr zu beginnen? Erfahrungsgemäss sind Vorsätze gar nicht immer so einfach umzusetzen. In der Selbstreflexion sind unter Umständen viele Themen erkannt worden, wie mit Frust umgegangen wird, wie Demotivation aufgefangen werden kann, wie Angst und Zorn überwunden wird, wie Hilflosigkeit angepackt werden kann, wie verpasste Chancen akzeptiert werden können, wie erschüttertes Vertrauen geklärt werden kann, wie erfahrene Ungerechtigkeit im Berufsleben aufgearbeitet werden kann, bis zum Angehen von psychischem Druck und Leiden. In der psychologischen Therapie gibt es sehr viele interessante und brauchbare Ansätze, um die innere Stärke wieder zu aktivieren (in Anlehnung an Bergeron Catherine M., 2017, S. 872).

Einige grundsätzliche Tipps:

- Verschriftliche und ordne die Sachzwänge und den persönlichen Ballast. Werfe diese über Bord, sofern sinnvoll.
- Lasse die Angst los und habe den Mut, Nein zu sagen, auch wenn andere Personen enttäuscht sind.
- Löse dich von Schuldgefühlen, indem du dich allenfalls mit einer Drittperson austauschst.
- Lebe in der Gegenwart und traure nicht verpassten Chancen nach.
- Akzeptiere gewisse unverrückbare Tatsachen und versuche mit diesen umzugehen.
- Dinge loslassen ist nicht gleichbedeutend mit Versagen, sondern stellt eine bewusste und persönliche Entscheidung zur Suche nach Zufriedenheit und Glück dar.
- Eine Person des Vertrauens kann in dieser Phase sehr hilfreich sein.

Beim Loslassen von Sachzwängen hilft es oftmals, den Ballast mit symbolischen Handlungen loszuwerden. Die Symbolik schafft eine Zäsur in einem bestimmten Thema, unterstützt vielfach einen Neuanfang geprägt von Bildern und Emotionen, die durch ein persönliches Zeichen gesetzt werden.

Dieser Prozess kann beispielsweise auch durch Methoden der Achtsamkeit unterstützt werden (in Anlehnung an Dürsteler Urs und Mehmann Gina, 2019, S. 13). Dabei sind oft relativ einfache Handlungsempfehlungen für den Alltag sehr zweckmässig und wirkungsvoll wie beispielsweise Bekanntes neu entdecken, Atem spüren, Aufmerksamkeit beim Gehen, runter vom Gas, Dialog mit dem Körper, bewusstes Essen, tägliches Innehalten, mit Achtsamkeit den Tag starten, Abschalten oder temporäres Nichtstun.

Übung Nr. 11: Sachzwänge loslassen und Ballast abwerfen

Welche Sachzwänge belasten mich negativ und wie kann ich diese Bürden loslassen beziehungsweise abwerfen? Seite 98

4.2.2 Komfortzone verlassen und Unbekanntes versuchen

Trugschluss Nr. 9: Arbeit macht keinen Spass.

Trugschluss: Die Arbeit sollte keinen Spass machen. Deshalb wird Arbeit «Arbeit» genannt.

Neudenken: Die Freude ist ein wichtiger Wegweiser, um eine befriedigende Arbeit zu finden.

Ein wichtiges, aber nicht immer einfaches Lebensmotto heisst, Unbekanntes zu versuchen und die eigene Komfortzone zu verlassen. Dabei muss auch allenfalls der Kompass neu justiert werden.

Wie finde ich aber den richtigen Weg? Dabei braucht es einen Kompass mit zwei Arten von Flows, nämlich totales Engagement und ausserordentliche Energie. Strömungen können bei verschiedensten Aktivitäten auftreten, sei dies bei physischer oder geistiger Tätigkeit. Oftmals sind beide Formen vereint (in Anlehnung an Burnett Bill und Evans Dave, 2016, S. 43). Was heisst Engagement?

- Volle Einbindung in eine Aktivität, also «feu sacré» entwickeln,
- das Gefühl von einer Art Ekstase und Euphorie,
- innere Klarheit darüber, was und wie etwas zu erledigen ist,
- ruhig und mit sich im Frieden sein, und
- das Gefühl, dass die Zeit stillsteht.

Energie wird zum grundsätzlichen Leben und zum Gedeihen einer Idee gebraucht. Das Gehirn braucht sehr viel Energie, rund ein Viertel unseres täglichen Kalorienbedarfs. In diesem Zusammenhang ist es nicht verwunderlich, dass es sehr wichtig ist, wie wir unseren Fokus setzen, ob wir mit viel oder mit lauer Energie eine Aufgabe anpacken. Um diese Frage zu beantworten, braucht es eine Selbstreflexion zum beruflichen Tagesablauf, die Klarheit schafft (in Anlehnung an Burnett Bill und Evans Dave, 2016, S. 46).

4.2.3 Die Schritte zum grossen Wurf

Trugschluss Nr. 10: Endlose Suche nach der zündenden Idee

Trugschluss: Ich benötige die zündende Idee.

Neudenken: Du brauchst eine Vielzahl von neuen Ideen, damit du eine Auswahl treffen kannst.

Ein Tagebuch des beruflichen Alltags, auch Work Diary genannt, ermöglicht einen niederschwelligen und persönlichen Einstieg in die Beurteilung des eigenen beruflichen Engagements. Ein Work Diary ist etwas Persönliches und dient der eigenen Seelenhygiene, indem Gefühle, Tätigkeiten, aber auch Erlebnisse im beruflichen Alltag dokumentiert werden. Dieses Instrument ermöglicht, eigene persönliche und berufliche Ziele zu setzen, um diese auch täglich, wöchentlich oder monatlich zu evaluieren. Dabei wird zwischen vorwärts orientiertem und reflexivem Work Diary unterschieden (journeyR, 2022):

- Im vorwärts schauenden Work Diary werden bei Arbeitsbeginn Tagesziele gesetzt und entsprechende Umsetzungspläne festgehalten, um letztlich auch die Motivation hochzuhalten.
- Reflexives Work Diary wird am Ende des Arbeitstages vorgenommen, um das Erreichte zu evaluieren und die eigene Performance zu beurteilen. Letztlich dient diese Beurteilung als Basis der persönlichen Leistungsverbesserung.

Die Bedeutung eines Work Diary sowie die Anwendung bedingt verschiedene Schritte und beinhaltet zusammenfassende und unterschiedliche Erkenntnisse:

- Aktivitäten-Log, in dem die einzelnen Tätigkeiten und die daraus strömende Energie notiert werden.
- Reflexionen, welche Aussagen über die Lernerfahrungen Auskunft geben.

Folgende zusätzliche Schlüsselfragen dienen zudem als Orientierungshilfe des Work Diary:

Tätigkeiten

Welche Tätigkeiten wurden erledigt? In welcher Form, beispielsweise strukturiert, wenig strukturiert oder überhaupt nicht strukturiert? Welche Rolle hast du gespielt? Bist du in leitender Funktion oder als Mitdenker tätig?

Umfeld

Das Umgebung hat eine grosse Wirkung auf unseren Seelenzustand. Notiere, wo du während einer Aktivität warst. Welcher Impact hat der Ort auf deine Gefühle?

Personen

Wer war noch anwesend und welche Rolle haben diese Personen innegehabt, die deine Erfahrung positiv oder negativ beeinflusst haben?

Interaktion

Mit wem waren deine Interaktionen, analog oder digital, beispielsweise mit Personen, elektronischen Plattformen oder Maschinen? Waren es neue Erfahrungen von Interaktionen oder bekannte, vertraute Erfahrungen? Waren diese formell oder informell? Womit hast du kommuniziert, zum Beispiel iPads, Smartphones, persönliche Gespräche, Telefon, Videokonferenz? Welche Objekte haben deine Gefühle beflügelt?

Das berufliche Tagebuch soll zwei bis drei Wochen geführt werden, bis genügend aussagekräftige Informationen vorhanden sind.

Wie wird das Work Diary ausgewertet (in Anlehnung an Burnett Bill und Evans Dave, 2016, S. 53)?

- Erweitere allfällige Aktivitäten und Tätigkeiten, die für das berufliche Umfeld relevant sind.
- Ergänze alle zu oberflächlich eingetragenen Bewertungen, und reflektiere die Bedeutung der einzelnen Aussagen.
- Sei so präzise wie sinnvoll, notiere, was für dich geht und was nicht.
- Identifiziere die Aktivitäten, welche gefallen, aber auch solche, die nicht gefallen. Wichtig dabei ist, dass die Tätigkeiten, die sehr viel Freude und somit einen Flow auslösen, speziell beachtet werden. Im Gegensatz dazu sind natürlich auch jene Aktivitäten zu beurteilen, die Frust bringen, aber auch viel Zeit beanspruchen.
- Aufgrund dieser Erkenntnisse wird eine Liste erstellt, die ein Abbild erlangter Freude beziehungsweise Frustration aufzeigt. Diese Liste ist die Grundlage für die nächsten Schritte.

Tab. 4: Zusammenfassung eines Work Diary (Beispiel)

Aktivitäten	**Zeit dafür verwendet**	**Happiness abgeleitet**	**Bemerkungen**
Beispiel: Erledige zirka 30–50 E-Mails pro Tag	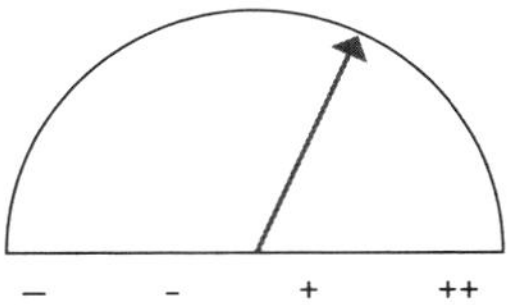 — - + ++	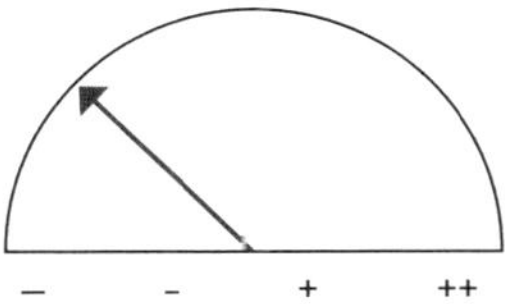 — - + ++	Meist Routinearbeiten Macht vielfach wenig/ keinen Spass, im Gegenteil
Bespreche Tagesprobleme mit meinem Chef	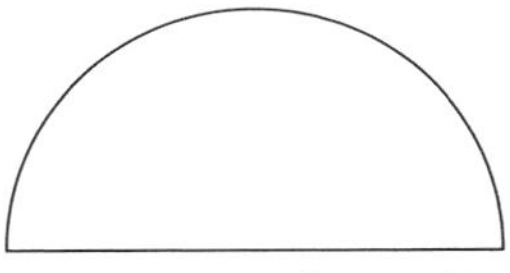 — - + ++	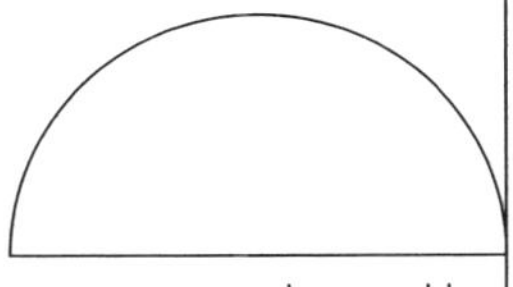 — - + ++	Manchmal interessante Aufgaben, oftmals zu lang

Aktivitäten	**Zeit dafür verwendet**	**Happiness abgeleitet**	**Bemerkungen**
Coache/diskutiere mit Mitarbeitenden	— - + ++	— - + ++	Vielfach anspruchsvolle Gespräche mit hohem Engagement
Diskutiere mit Kolleginnen und Kollegen	— - + ++	— - + ++	In Abhängigkeit des Themas, manchmal sehr inspirierend
Führe Telefonate	— - + ++	— - + ++	Nebensächlichkeiten verbunden mit kritischen Gesprächen
Mache Fitness	— - + ++	— - + ++	Entspannung pur, falls in guter Form und Laune
Gehe mit meiner Frau ins Kino beziehungsweise mit meinem Partner	— - + ++	— - + ++	Abwechslung und Zerstreuung
…	— - + ++	— - + ++	…

Legende: — = gar nicht; - = wenig; + = etwas; ++ = ausserordentlich

Quelle: in Anlehnung an Burnett Bill und Evans Dave (2016, S. 53).

Übung Nr. 12: Das Work Diary als Wohlfühlbarometer
Erstelle und evaluiere dein Work Diary. Seite 98

Und was nun? Beim Gefühl, wieder am Anfang des Findungsprozesses zu stehen, muss die Sichtweise geändert werden. Der Blick muss ausschliesslich in die Zukunft gerichtet sein.

Die Erkenntnisse aus der eigenen Vergangenheit dienen als Grundlage, die Zukunft besser zu gestalten, das heisst, eigene Stärken und Schwächen zu kennen und vor allem Präferenzen im eigenen Leben zu erkennen. Wie gestalte ich also meine Zukunft? Obschon es eine Reihe von möglichen Instrumenten zur Findung von neuen kreativen Ideen gibt und diese auch alternativ und je nach eigenen Präferenzen angewendet werden können, scheint das Mindmap ein nützliches Instrument für die Klärung einer neuen beruflichen wie auch persönlichen Ausrichtung zu sein (siehe auch MindMapping.com, 2022). Dabei wird die Entscheidungsfindung besser, sobald mehrere Ideen zur Auswahl stehen. Zudem sollte nie (!) die erste Lösung für die Lösung eines Problems verwendet werden.

Bei der weiteren Verarbeitung von Mindmaps können verschiedene Probleme entstehen. An einem Problem hängen bleiben kann durchaus die Realität darstellen, wobei «Ankerprobleme» und «Gravity Problems» unlösbare Probleme darstellen. Ein Ankerproblem ist ein reales und schwierig zu lösendes Problem, das es mit verschiedenen Instrumenten zu beheben gilt. «Gravity Problems» sind keine eigentlichen Probleme, sondern unverrückbare Zustände, die man einfach akzeptieren muss (in Anlehnung an Burnett Bill und Evans David, 2016, S. 81–83).

Übung Nr. 13: Die erste Auslegeordnung der beruflichen Visionen
Erstelle je ein Mindmap zu den Themen Engagement, Energie und Happiness und leite daraus die Schlussfolgerungen für deine berufliche Neuorientierung ab. Seite 99

4.2.4 Entwicklung beruflicher Alternativen

Trugschluss Nr. 11: Ich gebe auf!

Trugschluss: Wenn ich nicht mehr weiter weiss, gebe ich auf, weil ich auch keine unterstützende Umgebung besitze.

Neudenken: Sei hartnäckig und bleibe dran: «Never give up!» Überwinde deine innere Ohnmacht und Frust unter Beihilfe von positiv gesinnten Freunden und Bekannten.

Wie oft fühlt man sich hilflos, weiss nicht mehr weiter, fühlt sich von allen guten Gedanken verlassen, oder mit einer Volksweisheit erklärt: «Man sieht den Wald vor lauter Bäume nicht.» Wie schaffe ich Klarheit aus meinen aufbereiteten Gedanken, um eine vermeintlich unausweichliche Situation zu vermeiden. Es ist deshalb notwendig, dass bei der beruflichen Zukunftsplanung auf der einen Seite die innovative und proaktive Seite dieser Vorgehensweise in den Vordergrund rückt und andererseits auch eine gewisse Hartnäckigkeit bei der Ideensuche an den Tag gelegt wird. Aber brillante Ideen fallen nicht ohne Weiteres vom Himmel. Und meine unmittelbare Umgebung ist vielleicht auch nicht fähig, mich zu unterstützen.

Übung Nr. 14: Die Entwicklung beruflicher Visionen mit einem imaginären Stellenbeschrieb
Identifiziere aus Intuition drei augenfällige Themen, die dir in der beruflichen Neuorientierung helfen könnten. Seite 99

4.2.5 Erstellen eines beruflichen Prototyps und Entwicklung des Traumjobs

Trugschluss Nr. 12: Mein Traumjob in Griffnähe

Trugschluss: Mein Traumjob wartet irgendwo auf mich.

Neudenken: Du entwickelst deinen Traumjob durch einen proaktiven, kreativen und methodisch geführten Prozess anhand von Prototypen.

Was heisst Prototyping bei einer beruflichen Neuorientierung? Der Ausdruck wird meist bei der Entwicklung von neuen Produkten oder Dienstleistungen, beispielsweise in der IT, verwendet, wobei zuerst ein Modellprodukt zum Test hergestellt wird. Diese Vorgehensweise wird nun in sinngemässer Form auf die berufliche Neuorientierung einer Person übertragen. Beim Prototyping einer zukünftigen Karriere müssen zentrale Fragen gestellt und, soweit möglich oder sinnvoll, auch beantwortet werden, wenn auch hypothetisch (in Anlehnung an Burnett Bill und Evans Dave, 2016, S. 145). Parameter zum Prototyping können sein:

- Vielfältige eigene Persönlichkeitsstruktur: Wie vielfältig ist meine eigene Persönlichkeitsstruktur und wie kann ich diese akzeptieren und als Grundlage für meinen beruflichen Lebensweg nutzen?
- Beruflicher Inhalt: Wie soll der Inhalt meiner beruflichen Tätigkeit aussehen?
- Rolle: Wie soll die Rolle in einem zukünftigen Unternehmen aussehen, in welcher Branche?

- Berufliche Kompetenzen: Welche Kompetenzen und Erfahrungen wirst du dir noch aneignen müssen?
- Wohnort: Wo wirst du leben wollen?
- Mobilität: Welche geografische Mobilität zum Pendeln mute ich mir zu?
- Salär: Was sind meine Salärvorstellungen?
- Persönliche Umgebung: Wie binde ich meine persönliche Umgebung ins Prototyping ein?
- Familie: Wie steht deine Familie zu deinen Überlegungen?
- Lebensstil: Wie wird dein Leben aussehen?
- Kritische Elemente: Neben Karriere und Einkommen bestehen andere kritische Elemente in deinem Leben, wofür du einstehst bzw. worauf du achtgeben musst.
- Impact: Was sind die Resultate und Auswirkungen dieser Alternative?
- Wer könnte mich in diesem Prozessteil der beruflichen Neuorientierung unterstützen?
- Grundlage für weitere Reflexionen: Alle aufgeführten Überlegungen sind auch Grundlage für weitere Reflexionen eines andersartigen Lebens für die nächsten fünf Jahre.

Sobald die verschiedenen Parameter akzeptiert werden, dass auf diesem Weg benötigte Informationen beschafft werden können, kann Prototyping ein integraler Bestandteil in einer Berufs- beziehungsweise Lebensmodellentwicklung sein. Welches sind nun die Schritte im beruflichen Prototyping (in Anlehnung an Burnett Bill und Evans Dave, 2016, S. 116)?

Prototypisiere Gespräche

Führe ein oder mehrere Gespräche mit Personen, die deinen Traum gelebt haben oder die Erfahrungen oder Expertise im Thema besitzen. Der Wert dieser Gespräche ist das Erkennen einer persönlichen Erlebnisgeschichte, aus der verschiedene Erfahrungen abgeleitet werden können. Wie sieht ein Alltag aus, was ist erfreulich und was ernüchternd in dieser Tätigkeit? Und letztlich die Kernfrage, ob diese Aufgabe Freude bereitet oder nicht.

Prototypisiere Erfahrungen mit einem Brainstorming

Was ist besser, als persönliche berufliche Erfahrungen in einem neuen Kontext zu erleben. Um einige Ideen für eine solche Wahl zu einem möglichen «Praktikum» (oder mehreren) zu finden, eignet sich Brainstorming in geübten und positiv gesinnten Gruppen ausgezeichnet. Wichtig dabei ist, dass eine treffende

Ausgangsfrage gestellt wird. Damit ein Brainstorming zum Erfolg führt, muss die Gruppe «aufgewärmt» werden, damit kreative Inputs aus der Diskussion abgeleitet werden können. Das eigentliche Brainstorming muss gut moderiert werden, wobei die Quantität von Inputs vor Qualität steht, Ideen nicht zensiert werden, auf den Überlegungen von anderen Teilnehmern aufgebaut wird und das Einbringen von aussergewöhnlichen Ideen ermuntert wird.

Wie gestalte ich meine berufliche Planung 4.0 mit drei Alternativen für die nächsten fünf Jahre? Folgende Überlegungen müssen in dieser Planung enthalten sein (in Anlehnung an Burnett Bill und Evans Dave, 2016, S. 96):

- Erstelle anhand einer visualisierten Zeitachse drei persönliche und nicht berufsspezifische Ereignisse, welche du die nächsten fünf Jahre zu erreichen gedenkst. Zum Beispiel trainiere für einen Marathon, starte ein neues Hobby, lerne eine zusätzliche Fremdsprache, oder lasse dich durch Yoga inspirieren.
- Betitle die gewählten Ereignisse mit drei bis fünf Worten.
- Beurteile diese Alternativen mit kritischen Fragen, um Annahmen auszutesten und mehr über dich zu erfahren.
- Erstelle ein «Armaturenbrett», welches folgende Aussagen zulässt:
  - Ressourcen: Hast du die finanziellen Mittel, Zeit, Kompetenzen, Gesundheit und das soziale Netzwerk?
  - Begeisterung: Bist du von deiner Idee getrieben?
  - Selbstvertrauen: Wie ist dein Selbstvertrauen, diese Aktivitäten durchzuführen?
  - Stimmiges Konzept: Ist dein Plan sinnvoll in sich selber und entspricht dieser deiner Arbeits- und Lebensphilosophie?

Übung Nr. 15: Die Konkretisierung der Zukunft mit einem beruflichen Prototyp
Entwerfe einen Prototyp für deine berufliche Neuausrichtung. Seite 99

Wer träumt nicht von einem Traumjob? Vielfach sind wir getrieben von der Idee, dass das Gras auf der anderen Seite der Strasse grüner ist oder dass der Idealjob irgendwo wartet. Es gibt nicht DEN Traumjob. Es gibt viele gute Jobs in angesehenen Unternehmen mit hoch motivierten Mitarbeitenden, die vielleicht zu einem Traumjob führen könnten. Dies gilt es bei der Stellensuche zu beachten.

4.3 Stufe III: Umsetzung der beruflichen Visionen

Trugschluss Nr. 13: Mein Ansatz der beruflichen Planung bringt mich nicht weiter

Trugschluss: Ich muss herausfinden, welches meine konkreten beruflichen Visionen sind, und dann erstelle ich einen Plan und ziehe diesen durch.

Neudenken: Es gibt verschiedene grossartige berufliche Muster in mir, auf die ich meine weitere berufliche Zukunft aufbauen möchte.

«Ein ‚Great Place to Work' ist dort, wo man denen vertraut, für die man arbeitet, stolz ist auf das, was man tut, und Freude in der Zusammenarbeit mit andern hat. Vertrauen entsteht, wenn Glaubwürdigkeit, Respekt und Anerkennung am Arbeitsplatz gelebt werden. Durch eine Vertrauenskultur entstehen Teamgeist und Stolz» (Great Place to Work, 2022).

Bei der Wahl eines zukünftigen, aber auch bestehenden Arbeitgebers ist es wichtig zu wissen, welche Parameter für Personen 45plus wichtig sind. Das Unternehmen Great Place to Work in Zürich beschäftigt sich mit Unternehmens- und Arbeitskultur, unter anderem auch für die Kohorte 45plus (Great Place to Work, 2021). Mit zunehmendem Alter nehmen die Mitarbeitenden die Qualität des Arbeitsplatzes bewusster wahr. Sie kündigen auch deutlich weniger. Diese Tatsache bestätigt die allgemein vermutete These, dass die Arbeitsplatzsicherheit einen hohen Stellenwert einnimmt. Mit dieser Aussage verbunden steht auch an oberster Stelle, dass diese Altersgruppe möglichst lange bei diesem Arbeitgeber tätig sein möchte. Dass der Arbeitsinhalt sinnstiftend sein muss und nicht als ein normaler Job wahrgenommen werden will, steht an zweiter Stelle der Prioritätenliste mit dem Credo: «My work has special meaning, not just a job.» Weiter sind aber auch Aussagen, dass die Arbeit ein Gefühl von Stolz auslösen oder einen Beitrag an die Gemeinschaft bewirken soll, von Bedeutung. Dass das Salär nicht mehr eine zentrale Rolle einnimmt, ist zu vermuten. Die Entlöhnung muss jedoch «fair» ausgestaltet und die Teilhabe am Erfolg des Unternehmens gewährleistet sein.

Auch die Work-Life-Balance wird in der Aging Society zunehmend wichtiger. Die Möglichkeit, freizunehmen und sich privaten Interessen zu widmen, steht an oberster Stelle. Falls das Management kompetent ist, seine Versprechungen einhält und auch eine positiv gelebte Fehlerkultur herrscht, wird durch die Generation 45plus sehr geschätzt. Eine negative Wahrnehmung entsteht, falls Personen wegen ihrer ethnischen Zugehörigkeit oder sexuellen Orientierung im Unternehmen diskriminiert werden. Eine gewisse altersspezifische Solidarität mit allen Mitarbeitenden kann aus den Erkenntnissen dieser Forschungsarbeit abgeleitet werden.

Zusammenfassend sind für die Generation 45plus folgende Aspekte am Arbeitsplatz wichtig:

- Verbindung von Arbeits- mit Lebensphilosophie,
- interessante Arbeit basierend auf den persönlichen Fähigkeiten,
- Toleranz gegenüber unterschiedlichen Lebenseinstellungen und ethnischer Abstammung,
- hohe Integrität des Arbeitgebers mit einer positiv gelebten Fehlerkultur und
- persönliche Anerkennung der durch eine intrinsische Motivation erbrachten Leistung.

4.3.1 Erfolgreiche Stellensuche

Damit einer Stellensuche Erfolg beschert ist, bedarf es verschiedener Voraussetzungen. Basis dafür ist, dass eine sorgfältige und wahrheitsgetreue Selbstreflexion stattgefunden hat. Hinzu kommt, dass eine klare inhaltliche Vorstellung der zukünftigen Stelle entwickelt wurde, beispielsweise mit Prototyping. Und letztlich sind es viele Mikrothemen im Rahmen des Stellenidentifikations- und Bewerbungsverfahren, welche eine erfolgreiche Stellensuche bedingen.

4.3.1.1 Aktivierung des eigenen Netzwerkes

Trugschluss Nr. 14: Netzwerken ist anbiedernd und schleimig.

Trugschluss: Netzwerken ist vor allem belästigend – es ist schleimig und anbiedernd.

Neudenken: Beim Netzwerken wird nach Orientierung gefragt und nicht nach Vorteilen «geschleimt».

Auf einer Bergwanderung ist man sich der Route oder der Beschaffenheit des Weges nicht immer ganz sicher. Es wird jeweils in der Schweiz keine Sekunde gezögert, um den entgegenkommenden Wanderer zu grüssen und einige Worte auszutauschen. In den wenigsten Fällen wird ein Dialog verweigert. Die Enttäuschung, dass dabei nicht auch noch Namen, Telefonnummern oder E-Mail-Adressen ausgetauscht werden, bleibt auch weg. Alle Personen haben in unterschiedlichster Ausprägung ein Netzwerk, sei dies beruflich, aus einem Sportverein, aus einem Kulturengagement, aus dem Studium, privat oder aus irgendwelchen losen oder halbstrukturierten Kontaktgeflechten.

Der Trugschluss, dass anständiges Netzwerken vor allem belästigend, schleimig und anbiedernd ist, muss der Meinung weichen, dass in dieser Situation vor allem nach Orientierung gefragt wird. Da setzt ein anständiges Networking an, nämlich an Beruf, Familie, Verwandten, Freunden, Freitzeitaktivitäten oder auch Militär und Zivilschutz. Viele solche Beziehungen basieren nicht auf Günstlingswirtschaft, sondern sind meistens ein Türöffner für den versteckten Arbeitsmarkt. Oder mit andern Worten: Das Internet mit verschiedenen Jobplattformen ist in der Regel wenig erfolgversprechend, wenn es um die Suche nach einer adäquaten Stelle geht. Es sind die verschiedenen persönlichen und analogen Kontakte aus der Vergangenheit, welche anzugehen sind, die einem helfen, bei der Suche nach der Traumstelle einen Schritt weiter zu kommen. Dabei sind natürlich die digitalen Netzwerke beim Aufspüren von Personen nicht unbedeutend, die allenfalls lange Zeit aus dem eigenen Lebensmittelpunkt verschwunden sind.

«Vitamin B» oder das private und berufliche Beziehungsnetz einer Person, und zwar unabhängig vom sozioökonomischen und bildungsmässigen Hintergrund, ist äusserst wichtig. Ist es möglich, ein Beziehungsnetz aufzubauen? Ist Social Networking etwas, das gelernt werden kann? Das Umfeld einer Person beinhaltet eine Vielzahl von Faktoren. Eine der wichtigsten sind Familie und Freunde. Wie unterstützen mich meine Ehepartnerin beziehungsweise mein Ehepartner oder allenfalls meine Freunde bei der Suche nach einer neuen beruflichen Herausforderung? Wie bin ich persönlich in meiner sozialen Umgebung eingebettet? Welche persönlichen Tabus beeinflussen meinen Entscheid zur Neuorientierung?

Übung Nr. 16: Pflege und Weiterentwicklung des privaten und beruflichen Netzwerkes

Wie sieht dein privates und berufliches Beziehungsnetz, und zwar analog wie digital, aus?

Seite 100

4.3.1.2 Analyse des Stellenmarktes

Trugschluss Nr. 15: Der Traumjob auf der vermeintlichen Stellenplattform

Trugschluss: Auf der geeigneten Stellenplattform finde ich meinen Traumjob.

Neudenken: Viele interessante Stellen werden überhaupt nicht auf einer Stellenplattform, noch weniger in Zeitungen ausgeschrieben, sondern werden intern oder auf «Mund zu Mund»-Basis kommuniziert.

In Grossbetrieben werden die offenen Stellen vielfach nicht auf Plattformen ausgeschrieben, sondern erst dann, wenn diese bereits besetzt sind. Diese Betriebe schreiben die interessanten Stellen vielfach nur intern aus, das heisst, sie sind mehrheitlich nicht zugänglich für aussenstehende Stellensuchende. Erst wenn die Suche «Mund zu Mund» erfolglos war oder eine rechtliche Verpflichtung zur offiziellen Stellenausschreibung wie dies beispielsweise bei öffentlichen Arbeitgebern besteht, wird als letzte Option eine Stellenplattform gewählt. KMUs sind vielfach interessante Arbeitgeber, inserieren aber eher weniger auf Stellenplattformen. Die Suche nach der passenden Stelle ist vielfach frustrierend, weil

- … die Aufbereitung des angepassten CVs an ein Stellenprofil und des entsprechenden Begleitbriefes viel Aufwand verursacht,
- … vielfach der angeschriebene Arbeitgeber nicht einmal den Eingang der Stellenbewerbung bestätigt beziehungsweise eine Bewerbung bei negativer Beurteilung wieder zurückgeschickt wird,
- … die Möglichkeit eines (telefonischen oder persönlichen) Vorstellungsgesprächs vielfach gering ist.

Bevor mit der Suche auf LinkedIn, Indeed, Xing, Glassdoor, myriad oder anderen Netzwerken begonnen wird, sollten folgende Fragen beantwortet werden (in Anlehnung an Schlesinger Jill, 2018):

- Was mag ich und was missfällt mir an meinem jetzigen Job?
- Gefällt mir die Branche, aber nicht mein Arbeitgeber?
- Gefällt mir die Region, aber nicht die Branche?
- Welche Kompetenzen und Fähigkeiten habe ich?
- Welche Stärken und welche nicht bekannten und gebrauchten Potenziale habe ich?
- Wie können meine Kompetenzen und mein Wissen in eine andere Branche oder Karriere übertragen werden?
- Brauche ich eine berufliche und persönliche Weiterbildung, bevor ich meinen Arbeitgeber wechsle?
- Wie würden meine Anstellungsbedingungen bezüglich Arbeitsbedingungen, Salär, Ferienansprüchen und weiteren Fringe Benefits aussehen?
- Müsste ich für einen Stellenwechsel umziehen oder eine längere Pendlerdistanz in Kauf nehmen?
- Kann ich digital von zu Hause aus arbeiten?

Falls eine Stelle über eine Stellenplattform gesucht wird, so empfiehlt es sich, vorab folgende Fragen zu stellen:

- Wie ist die Stellenbewerbung sprachlich ausformuliert und wie ist die Interpretation des Textes?
- Welche Relevanz hat die Stellenbeschreibung zum Inhalt der eigentlichen Stelle?

Zur Beantwortung dieser beiden Fragen können folgende Entscheidungsgrundlagen herangezogen werden:

Persönliche Merkmale

Stellenbeschriebe zu persönlichen Merkmalen können beispielsweise folgende Informationen enthalten:

- gute mündliche und schriftliche Kommunikationsfähigkeiten
- ausserordentliche Analysefähigkeit
- hoch motiviert und kreativ
- Initiative und vorausschauend
- Kundenorientierung
- und anderes

Solche und ähnliche Stellenanforderungen sind in der Regel sehr allgemein gehalten und könnten praktisch zu jedem Job passen. Sie beschreiben eher Verhalten als berufliche Fertigkeiten. Nach der Übersicht zu persönlichen Merkmalen werden die Ausbildungs- und Erfahrungsanforderungen definiert.

Ausbildungs- und Erfahrungshintergrund

Ausgezeichnete Kandidaten für den Job haben folgende Kompetenzen und Erfahrungen:

- Fachhochschulabschluss oder Uni-Abschluss mit zehn Jahren berufsbezogenen Erfahrungen.
- Anwendungskompetenzen in unterschiedlichster Anwendersoftware. Nebenbemerkung: Nicht selten sind es auch noch «überalterte» Programme, die das Unternehmen verwendet.
- Drei bis fünf Jahre Erfahrungen in irgendwelchen Kompetenzen, die mehrheitlich der vorgängige Stelleninhaber aufbereitet hat.

Dieser Teil des Stellenbeschriebs basiert mehrheitlich auf der Einschätzung des vorgängigen Stelleninhabers. Mögliche zukünftige Veränderungen des Anforderungsprofils werden oftmals nicht aufgeführt.

Differenzierende Merkmale eines Kandidaten

Am Ende eines Stelleninserates werden jeweils noch spezifizierende Merkmale eines erfolgreichen Kandidaten dargestellt:

- «Es sollen sich nur Leute mit erfolgreichem und ausgewiesenem Track Record in … melden.» Eine solche Sprachregelung kann auch in diesem

Sinn gedeutet werden, dass ein möglicher Kandidat entweder ein Stellenprofil nicht richtig interpretiert oder in vorangegangenen ausbeuterischen Stellen gearbeitet hat.

- «Gesucht wird der ‚Superheld', der äusserst produktiv mit engen Zeitplänen arbeiten kann.» Oder mit anderen Worten: Diese Jobanforderung kann eigentlich niemand erfüllen, und/oder die Stelle wurde bereits intern besetzt.
- «Ihren Fähigkeiten sind, inspirierende und überzeugende Lösungen zu entwickeln, Sie sind einfühlsam und empathisch mit Ihren Kollegen.» Eine Anforderung, die eher im Bereich Wunschdenken liegt. Es gibt vermutlich wenig Stellenbewerber, welche von sich nicht empfinden, dass sie inspirierend, empathisch und unterstützend sind.

4.3.1.3 Bewerbung mit grossen Wirkungen

Um die Wahrscheinlichkeit eines Interviews oder sogar einer Anstellung zu erhöhen, sollten die gleichen Schlüsselbegriffe im CV wie in der Stellenausschreibung erwähnt werden. Mittel- und Grossbetriebe, welche das Internet für Neuanstellungen verwenden, scannen diese Schlüsselbegriffe mit einer Bewerber- oder Talentdatenbank und vergleichen diese Begriffe mit dem Stellenbeschrieb. Dieser Vergleich basiert mehrheitlich auf der Stellenbeschreibung des Amtsinhabers.

Es wird empfohlen, folgende Ratschläge bei der Aufbereitung des CVs zu beachten:

Ratschlag Nr. 1:
Ergänze den CV mit den Schlüsselbegriffen der Stellenausschreibung. Benütze Redewendungen wie «gute und verbale Kommunikationskompetenzen» und nicht «Ich bin sattelfest im Schreiben und ich kann gut kommunizieren» oder «kundenorientierte Arbeitsweise» und nicht «Leidenschaft für Kunden». Eine falsche Bescheidenheit der Begriffswahl, vor allem im internationalen/angelsächsischen Umfeld, ist in dieser Phase nicht zielführend.

Ratschlag Nr. 2:
Falls eine spezifische Kompetenz erwartet wird, so ist diese explizit im CV zu erwähnen. Falls die verlangte Fähigkeit nicht vorhanden ist, umschreibe deine Kompetenzen mit den gleichen Begriffen, wie sie in der Stellenausschreibung aufgeführt sind. Somit erkennt eine digitale Datenrecherche den Bezug zwischen CV und Stellenbeschrieb.

Ratschlag Nr. 3:
Das Résumé soll alle Kompetenzen mit denselben Begriffen aufführen, welche im Stelleninserat verlangt wurden, auch wenn das eigene Profil nicht abschliessend dem Stellenprofil entspricht. Es sind die Fertigkeiten aufzuführen, welche ein Bewerber einem Unternehmen offerieren kann und nicht wieso diese Stelle auf das Profil zugeschnitten ist. Im ersten Interview im Rahmen der Bewerbung sollen die spezifisch verlangten Kompetenzen im Zentrum stehen und nicht der Generalist oder die Multidisziplinarität des Bewerbers. Zu Beginn sollen vor allem die Kompetenzen aufgezeigt werden, welche die zu besetzende Stelle verlangt. Falls diese Phase erfolgreich abgeschlossen ist, kann die anstellende Person mit den zusätzlich vorhandenen Fähigkeiten ergänzt werden.

Ratschlag Nr. 4:
Zum Interview soll immer ein frisch ausgedrucktes Exemplar des CVs mitgenommen werden. Dies beeindruckt, weil damit die Sorgfalt und die Leidenschaft einer Stellenbewerbung zusätzlich signalisiert werden können.

Ratschlag Nr. 5:
Vielfach sind bei Bewerbungen in Grossbetrieben CVs in einem elektronischen Format vorgegeben. Damit werden die Gestaltungsfreiheit und die Kreativität des Bewerbenden eingeschränkt. Falls das Design des CV selber aufbereitet wird, lohnt es sich sehr, bei der Aufbereitung nach Best-Practice-Beispielen im Internet zu suchen.

Übung Nr. 17: Curriculum Vitae und Bewerbungsschreiben – der erste Eindruck zählt
Erstelle dein CV auf der Basis von einem oder mehreren Best-Practice-Beispielen. Seite 100

4.3.1.4 Von der ansprechenden Stellenausschreibung zum Great Place to Work

Trugschluss Nr. 16: Eindimensionale Jobsuche

Trugschluss: Ich suche einen Job.

Neudenken: Du versuchst verschiedene Stellenangebote zu erhalten, um eine attraktive Auswahl für deine berufliche Zukunft zu entwickeln.

Die Wandlung des eigenen Mind Sets auf der Stellensuche beim Einholen möglichst vieler attraktiver Stellenangebot wirkt befreiend. Es muss beim Vorstellungsgespräch nichts vorgespielt werden, das heisst keine falsche Begeisterung oder überbordende Freundlichkeit. Interesse am Job darf durchaus signalisiert werden, aber im Sinne einer Beurteilung des Stellenangebotes. Man wirkt authentischer, weniger verkrampft, und energiegetrieben, aber auch etwas verspielt, um eine Möglichkeit unter vielen aufzuspüren. Die Wirkung ist be- und verzaubernd, eine Mischung zwischen gezeigter Neugierde und tiefster Interessenbekundung gegenüber dem Unternehmen und der rekrutierenden Person (in Anlehnung an Burnett Bill und Evans Dave, 2016, S. 153).

4.3.1.5 Evaluationen der verfügbaren Optionen

Trugschluss Nr. 17: Die richtige Stellenwahl und Happiness

Trugschluss: Um glücklich zu werden, muss ich die richtige Stellenwahl treffen.

Neudenken: Es gibt nicht die richtige Stellenwahl, sondern nur gute Auswahlverfahren, die eine übersichtliche Grundlage zur Entscheidungsfindung schaffen.

Damit die richtige Stellenwahl getroffen werden kann, empfiehlt es sich, methodisch vorzugehen. Mit einem solchen Ansatz müssen Gefühle und Fakten ebenso Platz haben, wie sich unter einen allfälligen Zeitdruck zwingen zu lassen. Bei der Evaluation der Stellenangebote ist folgende Vorgehensweise zielführend:

1. Informationen sammeln, zusammenführen und Optionen bilden

Das Sammeln von Informationen führt zu viel Erkenntnis über sich selbst, welche Rolle in dieser Welt eingenommen werden soll. Das Prototyping der eigenen Erfahrungen generiert neue Ideen, Alternativen und Optionen, die weiterverfolgt werden können. Als Basis dieser Phase sind unter anderem die Übungen Lebens- und Arbeitsphilosophie, Mindmaps, beruflicher Prototyp und imaginärer Stellenbeschrieb zu verwenden.

2. Schwerpunkte setzen

Die Auswahl von Optionen ist vielfach recht anspruchsvoll, manchmal sind zu wenige vorhanden, manchmal zu viele, einige Male entspricht die Qualität nicht den eigenen Erwartungen. Dieser Prozess der Setzung von Schwerpunkten kann durchaus einige Zeit beanspruchen. Letztlich ist es das eigene Leben, welches weiterentwickelt wird. Die Vielfalt von Empfehlungen Dritter verbunden mit den eigenen Ideen kann überwältigend sein. Das Gefühl, etwas falsch oder ungenau angepackt zu haben, kann aufkommen. Weil die meisten Leute mit vielen Optionen überfordert sind, muss die Anzahl der Möglichkeiten reduziert werden, also das Problem des «Choice Overload» (in Anlehnung an Sheena Lynegar, 2013).

3. Optionen auswählen

Die abschliessende Wahl einer Lösung aus ein paar ausgewählten Optionen ist ein anspruchsvolles Unterfangen. Jede Person hat ihre eigenen Strategien, um sinnvolle Entscheidungen herbeizuführen. Es bedeutet, dass rationale, emotionelle wie intuitive Formen gewählt werden können. Auch spirituelle Ansätze sind bei religiösen Menschen möglich. Oftmals werden Entscheidungen auf «die lange Bank» geschoben, weil viele Optionen Ungewissheiten mit sich bringen.

Es gibt verschiedene Techniken, die zu einer guten Entscheidungsfindung führen können. In diesem Zusammenhang wird jedoch verzichtet, auf eine bestimmte Technik zu verweisen. Solche Entscheidungstechniken können sein: Entscheidungsmatrix, T-Charts (Pros und Cons), Entscheidungsbaum, Multi Voting, Kosten-/Nutzenanalyse, SWOT-Analyse und andere (in Anlehnung an businessnewsdaily.com, 2022). Ein weiterer interessanter Ansatz stammt aus den USA und nennt sich «grokking». Dabei wird eine Entscheidungsfindung aufgrund eines tiefen Verständnisses mit Intuition und Empathie abgeleitet. Wenn eine Wahl «gekrokt» wird, wird nicht mehr an die Wahl gedacht, sondern diese wird gelebt (Heinlein Robert A.,1961).

4. Entscheiden und umsetzen

Wieso macht Hintersinnen und Zögern keinen Sinn? Der Grund, wieso wir bei Entscheidungen uns oftmals lange Zeit hinterfragen, wird dadurch begründet, weil wir für unsere Zukunft nur das Beste wollen. Im Voraus wissen wir nie, ob wir die beste Wahl getroffen haben, weil wir die Konsequenzen der Entscheidung nicht antizipieren können. Aus maximal drei Optionen gilt es die beste Option aufgrund der verfügbaren Zeit, Informationen und Ressourcen auszuwählen. Und bleibe bei deiner Entscheidung, auch wenn Verunsicherungen, Zweifel oder sonst ein schales Gefühl aufkommt. Entwickle eine innere Kultur der Resistenz, um solchen Widerständen zu begegnen. Allenfalls hilft es, die Herleitung der Entscheidungsfindung anzuschauen und zu dokumentieren.

4.3.1.6 Das Bewerbungsgespräch

Das Bewerbungsgespräch lässt sich in fünf Sequenzen unterteilen, wobei die Reihenfolge sowie die Länge und Intensität von Situation zu Situation unterschiedlich sein kann (Karrierebibel, 2022).

Small Talk	Dauer ca. 5 Minuten Kurze Begrüssung, Vorstellen, Fragen zu Befinden, Getränke
Arbeitgeber stellt sich vor	Dauer ca. 15 Minuten Arbeitgeber stellt sich vor, Produkte, Unternehmenskultur, Beschreibung der Funktion und Stelle
Sich vorstellen	Dauer ca. 10 Minuten Berufliche Erfahrungen, Meilensteine und Erfolge, Stärken zur publizierten Stelle, eventuell private Informationen
Fragen zur Klärung	Dauer ca. 10 Minuten Anforderungsprofil, Entwicklungsmöglichkeiten, Beurteilungsgrundlagen, Salärvorstellungen, falls noch nicht angesprochen
Abschluss	Dauer ca. 5 Minuten Bedanken für das Vorstellungsgespräch, nächste Schritte, Verabschiedung

Abb. 3: Abfolge des Bewerbungsgesprächs

Es ist sehr wichtig, sich seriös auf das Bewerbungsgespräch vorzubereiten. Dabei helfen verschiedene Quellen zum Thema, wie ein professionelles Bewerbungsgespräch ablaufen soll. Neben fundierten Kenntnissen des Unternehmens gehören unter anderem auch Gedanken zu seiner eigenen Person und spezifisch zum Alter dazu. Obschon das Alter bei einem Vorstellungsgespräch oder bei der Akquisition von Aufträgen nicht im Vordergrund stehen sollte, können Fragen wie «Wie beurteilen Sie die Situation, für einen bedeutend jüngeren Chef beziehungsweise Auftraggeber zu arbeiten?» gestellt werden.

Auf solche und ähnliche Fragen muss sich eine Person 45plus vorbereiten. Dabei gilt es zu Beginn einige Punkte zu beachten (in Anlehnung an McIntyre Marie G., 2018):

- Versuche zu Beginn eines Gesprächs, die beruflichen Besonderheiten hervorzuheben, welche einen Interviewpartner beeindrucken können. Das heisst insbesondere: Lächle, sei freundlich und zeige Begeisterung für die angestrebte Stelle. Erkläre, welche Bedeutung die beruflichen Erfahrungen und der Aus- und Weiterbildungshintergrund zur ausgeschriebenen Stelle haben.
- Bereite dich inhaltlich auf das Unternehmen vor und stelle intelligente Fragen. Damit Altersvorbehalte minimiert werden können, gilt es à jour zu sein. Professionelles Wissen und Kompetenzen müssen aufdatiert sein. Sich mit den alltäglichen Neuigkeiten wie Kommunikationstech-

nologie, Sport, Mode und anderem auseinanderzusetzen ist ebenso wichtig, wie Kenntnisse über die verschiedenen sozialen Medien und Stellenportale zu besitzen.

- Die Bekleidung soll alterskonform und in zeitgenössischer Mode sein. Es darf nicht den Anschein machen, zwanzig Jahre jünger wirken zu wollen.
- Eine reduzierte Gesundheit kann einen Stellenbewerber älter wirken lassen. Vergiss nicht, Sport zu treiben, dich richtig zu ernähren, wenig oder keinen Alkohol zu trinken und vor allem genügend Schlaf zu haben.

Es gibt einige Fragen, die zum Thema Alter immer wieder gerne gestellt werden. Der Grundsatz ist aber, dass ehrlich, selbstbewusst und auf die eigene Person abgestimmt geantwortet wird (in Anlehnung an Alboher Marci, 2013, S. 150).

Einige kritische Fragen zum Alter, dazu mögliche Beispiele als Antwort:

Überqualifizierung
Sie sind ein überzeugender Kandidat. Aber der Job wird Sie langweilen?

> **Mögliche Antwort:**
> Vorab gesprochen, mir gefällt eine Aufgabe, der ich viel Zufriedenheit abgewinnen kann. Was immer auch die Aufgabe sein mag. Und zweitens: Ich sehe viele Herausforderungen bei dieser Stelle, und zwar … und Mentoring ist etwas, das ich gerne tue.

Bald in Rente
Wo sehen Sie sich in drei bis fünf Jahren?

> **Mögliche Antwort:**
> Ich möchte eine Arbeit verrichten, welche für mich Sinn stiftet und der Umgebung einen Nutzen abwirft. In meinem Leben habe ich gelernt, dass es schwierig ist vorauszusagen, wie die mittel- und langfristige Zukunft aussieht. Ich kenne aber mich selber und meine Prioritäten. Ich liebe Herausforderungen. Und ich möchte von Kollegen und Freunden lernen. Im Gegenzug gebe ich auch gerne etwas zurück.

Zu alt für uns
Unsere Mitarbeitenden sind mehrheitlich unter 40, sind digital vernetzt und kommunizieren unterschiedlicher als Ihre Generation. Haben Sie das Gefühl, dass Sie sich bei uns wohl fühlen würden?

> **Mögliche Antwort:**
> Die Arbeit in einem altersdurchmischten Umfeld gefällt mir ausserordentlich. Vieles kann von jungen Leuten gelernt werden, und ich hoffe, dass sie auch etwas von mir lernen können. Falls Sie Zweifel haben, dass ich nicht mit der heutigen Situation zurechtkomme, kann ich Sie gerne beruhigen. Meine Energie, Begeisterung und Fähigkeiten mit jungen Leuten sind ungebrochen. Einige Beispiele …

Can you teach an Old Dog Tricks / New Technology?
Unsere Arbeitswelt ist durch und durch digitalisiert. Sind Sie bereit und/oder fähig, sich voll digitalisierter Arbeitsprozesse zu bedienen oder sich diese anzueignen?

> **Mögliche Antwort:**
> Ja, ich bin à jour. Soeben habe ich einen Kurs in Digitalisierung in der Branche X oder zum Thema Y absolviert. Eine Aussage, die natürlich auf der Wahrheit beruhen muss. Falls diese Bereitschaft nicht vorhanden ist, aber eine Voraussetzung für die Stelle ist, muss diese Aussage überdacht werden. Digitale Business Card (in Anlehnung an Regionale Arbeitsvermittlungsstelle Schaffhausen, 2019).

Übung Nr. 18: Vorbereitung und Gedanken zum Vorstellungsgespräch
Überlege dir einen möglichen Ablauf des Vorstellungsgesprächs und stelle einen Fragekatalog samt deinen Antworten zusammen, der auch das Alter 45plus zum Thema haben könnte.
Seite 101

4.3.1.7 Evaluation des Bewerbungsgesprächs

Nach jedem Bewerbungsgespräch ist es wichtig, und zwar unabhängig, ob man die in Aussicht gestellte Stelle erhalten wird, sich grundsätzlich über den Verlauf des Gesprächs Gedanken zu machen. Dabei hilft sicher eine selbstkritische Sicht über den Ablauf, beginnend mit der Identifikation der Stelle, die Vorbereitung des CVs und das Sammeln von Informationen über den potenziellen

Arbeitgeber, die verschiedenen Kontakte mit dem Unternehmen, die Tagesform beim Vorstellungsgespräch, die Begrüssungsrituale, die Beobachtung des «Ichs» sowie der Gesprächspartner im Interview, die Angemessenheit der Bekleidung, die verwendete verbale, nonverbale und paraverbale Kommunikation der Anwesenden, eine Achtsamkeit auf die Umgebung und allenfalls auffallende Nebensächlichkeiten. Diese Themen sind strukturiert und methodisch anzugehen. Dabei stehen folgende Fragen an:

- Wie empfinde ich emotionell meine Gesprächspartner und die Situation?
- Welche inhaltlichen Themen zur zukünftigen Stelle wurden zufriedenstellend aufgenommen und beantwortet? Welche nicht? Wo erkenne ich potenzielle Stolpersteine (red flags)?
- Wie beurteile ich meine eigene Performance bezüglich inhaltlicher und persönlicher Vorbereitung, Selbstsicherheit, kommunikativer Schlagfertigkeit und Empathie während des Gesprächs?

Mit dieser selbstkritischen und schriftlichen Auseinandersetzung mit dem Vorstellungsgespräch erfahre ich viel über mich selber, sie dient aber auch bereits als Vorbereitung zum nächsten Interview. Inwiefern die interviewenden Personen bereit sind, ein ehrliches Feedback abzugehen, ist sehr unterschiedlich. Oftmals werden verklausulierte oder allgemeine Rückmeldungen gesendet, die zur eigenen Persönlichkeitsentwicklung wenig dienlich sind.

Übung Nr. 19: Nachbereitung des Vorstellungsgesprächs – Lessons learned aus dem Vorstellungsgespräch
Lasse unmittelbar nach dem Vorstellungsgespräch das Interview Review passieren und leite deine «Lessons learned» daraus ab. Seite 101

4.3.2 Gründung eines Start-ups

Trugschluss Nr. 18: Gründung eines Start-ups bedingt viel Kapital und enthält unendlich viele lähmende Ungewissheiten

Trugschluss: Ich schaue einfach, was der Markt aus meinen eigenen Erfahrungen hergibt, erstelle einen Businessplan, und dann geht es los.

Neudenken: Du sollst einen sorgfältigen und zukunftsgerichteten Businessplan erstellen, deine Kompetenzen und dein Persönlichkeitsprofil sowie die finanziellen Möglichkeiten selbstkritisch einschätzen, deine unmittelbare soziale Umgebung in die Meinungsbildung miteinbeziehen und letztlich auch das Bauchgefühl in der Entwicklung eines Businessplans einbringen.

Die Gründung eines Start-ups beinhaltet viele persönliche und von aussen beeinflusste Faktoren, die sorgfältig im Prozess eingebunden werden müssen. Darin enthalten sind sachliche Tatsachen, Bauchgefühle bei der Entscheidungsfindung und vor allem ein empfohlener Prozess bei der Entwicklung der eigenen Selbstständigkeit.

In der Zwischenzeit haben viele regionale Volkswirtschaften und deren Organisationen die Wichtigkeit von Start-ups für die Wirtschaftsentwicklung erkannt. Viele Initiativen wurden von privater, semi-privater und öffentlicher Seite angestossen, welche die Gründung eines Start-ups veranschaulichen und vor allem durch die einzelnen Prozesse führen. Es existiert aber eine Vielzahl von weiteren ausgezeichneten Organisationen in der Schweiz, welche Start-ups in verschiedensten Phasen unterstützen. Als mögliche Beispiele werden stellvertretend zwei Organisationen vorgestellt, die bei der erfolgreichen Realisierung von Start-ups einen ausgezeichneten Ruf erlangt haben, nämlich (a) das Startzentrum Zürich sowie (b) gruenden.ch.

Das Startzentrum Zürich

Das Startzentrum Zürich wird durch die Stadt Zürich, die Zürcher Kantonalbank sowie easygo unterstützt (Startbox Zürich, 2022).

Das Startzentrum Zürich empfiehlt fünf Schritte zu beachten, nämlich

- Analyse: Unternehmer werden, Marktanalyse, Kundenanalyse und Angebotsskizze
- Konzept: Geschäftsmodell, Markenstrategie und Finanzplanung
- Gründen: Rechtsformen wie Einzelunternehmen, Kollektivgesellschaft, Gesellschaft mit beschränkter Haftung (GmbH), Aktiengesellschaft (AG)
- Verantwortung: Sozialversicherung und Vorsorge, Versicherungen, Steuern, Mehrwertsteuern, Buchführung und Revision
- Realisierung: Mitarbeiter, Finanzierung, Geistiges Eigentum und Import und Export

gruenden.ch

gruenden.ch wird durch das Handelsregisteramt des Kantons Zürich, SVA Zürich, die Volkswirtschaftsdirektion des Kantons Zürich sowie die Zürcher Kantonalbank unterstützt (gruenden.ch, 2022).

Folgende vier Bereiche stehen bei dieser Organisation im Vordergrund:

- Überlegungen für mögliche Wege zur Selbstständigkeit: Franchising, Gastronomie, Unternehmerin und Kreativwirtschafter

- Vorbereitungen zur Einschätzung der Wichtigkeit: Geistiges Eigentum, Urheberrecht, Marke, Design, Patent, Zahlenmaterial, Rechtsquellen, Lesestoff und Informationsquellen, Aus- und Weiterbildung, Wettbewerbe sowie weitere Anlaufstellen
- Gründung: Einzelunternehmen, Gesellschaft mit beschränkter Haftung und Aktiengesellschaft
- Nach der Gründung: Planung, Personal- und Zeitmanagement, Kapital- und Liquiditätsplanung, Kunden gewinnen und pflegen, Erstellen der Buchhaltung, Besetzung des Verwaltungsrates, Planung und Vorschriften, Marketing- und Kommunikationsstrategie, Finden und Beschäftigung von Personal, Verfügbarkeit von Adressen von Unternehmen, Erhebung von Marktdaten, Kreditwürdigkeit meiner Geschäftspartner, Präsenz auf Online-Plattformen und sozialen Medien, Medienarbeit und -beoachtung und Networking.

In den übrigen Kantonen beziehungsweise in allen Wirtschaftsregionen der Schweiz stehen staatliche, semi-staatliche und private Anlaufstellen bei der Gründung eines Start-ups gratis oder auch kostenpflichtig zur Verfügung. Die Vielzahl ist eindrücklich und auch sehr gut in den regionalen Wirtschaftsstrukturen der Schweiz eingebettet. Unendlich wertvolle Tipps und Ratschläge können unter anderem über verschiedene Plattformen abgerufen werden, wie beispielsweise:

- KMU-Portal für kleine und mittlere Unternehmen der Schweizerischen Eidgenossenschaft (SECO KMU-Portal, 2022).
- Wirtschaftsförderung in den einzelnen Kantonen, grösseren Städten und Gemeinden,
- NGOs zur Gründung von Start-ups, die meistens durch eine Public-Private-Partnerschaft getragen werden,
- Finanzdienstleistungsinstitute wie Banken und Versicherungen,
- spezialisierte Beratungsunternehmen für die Gründung von Start-ups und andere.

Eine eigentliche Evaluation oder ein Ranking, welche Form der Unterstützung von Start-ups in der Schweiz am besten ist, existiert auf empirischer Basis leider (noch) nicht. Die individuellen Bedürfnisse und die regionalen Disparitäten der Wirtschaft sind für ein solches Ranking sehr anspruchsvoll. Viel hilfreicher ist es zu erfahren, wie allfällige Verwandte, Bekannte und Freunde mit einem ähnlichen Hintergrund ihre Start-ups gegründet haben und mit welchen

Herausforderungen sie in den verschiedenen Phasen des Unternehmensaufbaus konfrontiert worden sind. Trotzdem Vorsicht! Solche Ratschläge sind in der Regel gut gemeint, jedoch auch sehr persönlich geprägt und verlangen oftmals auch eine gewisse kritische Distanz und Differenzierung bei der Beurteilung deren Erfahrungen. Somit ist es sehr empfehlenswert, sich vor allem auch in der Anfangsphase des Gründungsprozesses durch verschiedene Quellen inspirieren zu lassen.

Übung Nr. 20: Businessplan – die ersten Schritte zur Selbstständigkeit
Erstelle einen Businessplan zu deiner Geschäftsidee. Seite 101

4.3.3 Hybrides Arbeitsportefeuille

Trugschluss Nr. 19: Meine Orientierung muss kompatibel sein.

Trugschluss: Ich orientiere mich an meinen Bedürfnissen, um einen neuen Job beziehungsweise ein eigenes Arbeitsportefeuille zu finden.

Neudenken: Du sollst dich an den Bedürfnissen des anstellenden Managers und der möglichen Auftraggeber orientieren, um die richtigen Kontakte zu finden.

Am Ende des Tages beziehungsweise des beruflichen Neuorientierungsprozesses stellt sich die Frage, ob eine hundertprozentige Anstellung bei einem hoffentlich «Great Place to Work»-Unternehmen oder der Weg zur hundertprozentigen Selbstständigkeit eingeschlagen werden soll. Es gibt nicht die Lösung, sondern das Arbeitsportefeuille muss auf die persönlichen Umstände massgeschneidert werden, was somit viele Optionen offenlässt. In der Realität sind hybride Arbeitsmodelle in der Altersgruppe 45plus oft anzutreffen und entsprechen zweifelsfrei einem Bedürfnis und einem Trend.

Welche Fragen sind bei der Entscheidung zu klären, ob allenfalls ein hybrides Arbeitsportefeuille aufgebaut werden sollte? Einige zentrale Fragen:

Persönliche Fragen

- Inwiefern sind finanzielle Verpflichtungen gegenüber der eigenen Familie ein Thema und ist allenfalls eine gewisse finanzielle Absicherung erwünscht?
- Welche Synergien ergeben sich bei einem hybriden Arbeitsportefeuille? Inwiefern bereichern beziehungsweise behindern die beiden Beschäftigungsmodelle die persönliche Entwicklung?

- Inwiefern besteht allenfalls die Gefahr einer Verzettelung der eigenen Kräfte?
- Welche soziale und betriebsspezifische Infrastruktur wird benötigt, um in einem hybriden Arbeitsmodell erfolgreich zu sein?

Offene Fragen bei einer Teilanstellung

- Wie sieht ein mögliches Pflichtenheft einer Teilanstellung aus, das mir Freude und Genugtuung bereitet?
- Inwiefern besteht allenfalls eine Konkurrenzsituation (Stichwort: Konkurrenzverbot) zwischen den Tätigkeiten für den Arbeitgeber und meinen eigenen Geschäftsideen?
- Welche Synergien können allenfalls für den Arbeitgeber und für meine Selbstständigkeit entstehen?
- In welchem Umfang macht eine Teilanstellung – allenfalls auf Zeit – Sinn, damit ich eine gewisse finanzielle Absicherung habe, und welche Meinung bekundet mein Arbeitgeber für ein flexibles Arbeitszeitmodell?

Offene Fragen zum Auftragsmarkt

- Wie überzeugend und tauglich ist mein Businessmodell, damit ich rasch Aufträge für meine Selbstständigkeit generieren kann?
- Welche Einnahmen kann ich kurz- und mittelfristig aus meiner Selbstständigkeit generieren?
- Wie lange dauert eine mögliche «Durststrecke», in der wenig oder noch gar kein Einkommen erzielt wird?
- Inwiefern kann ich eine Doppelbelastung als Selbstständigerwerbender im eigenen Betrieb und Angestellter in einem Unternehmen mit meinen Kräften vereinbaren?

Zur Entscheidungsfindung, ob ein hybrides Arbeitsportefeuille Sinn macht, ist eine Güterabwägung zwischen einer Teilanstellung und dem Auftragsmarkt sinnvoll. Diese kann nach bewährten Methoden wie beispielsweise einer Nutzwertanalyse vorgenommen werden. Aber letztlich ist es auch ein Bauchentscheid.

Übung Nr. 21: Hybrides Arbeitsportefeuille – Entscheidungsgrundlage

Erstelle eine Entscheidungsgrundlage für ein hybrides Arbeitsportefeuille. Seite 102

Empfehlungen auf den Punkt gebracht

5

Folgende Empfehlungen sind eine Kurzzusammenfassung der wichtigsten Voraussetzungen, Einstellungen, Verhaltensweisen und methodischen Vorgehensweisen als Grundlage für eine berufliche Neuausrichtung.

5.1 Stufe I: Schlüsselfaktoren für eine kritische Selbstreflexion

Persönliche Einstellung und eigenes Verhalten

- Denke positive.
- Sei sehr selbstkritisch mit dir.
- Lerne aus Fehlern.
- Höre auf dein inneres «Ich».
- Nimm dir Zeit für deine Selbstbeurteilung.
- Verlasse die Komfortzone.
- Löse dich von Sachzwängen und werfe Balast ab.
- Akzeptiere das Leben als Prozess.
- Generiere Quick Wins und belohne dich.
- Geniesse den Erfolg.

Vorgehensweise

- Definiere die berufliche Neuorientierung als persönliches strategisches Projekt.
- Gehe systematisch vor und wende dir vertraute und angepasste Methoden und Instrumente an.
- Identifiziere und ziehe eine Person/ einen Coach des Vertrauens mit ein.
- Dokumentiere den Prozess und die Erkenntnisse als Grundlage zur persönlichen Weiterentwicklung.

- Aktiviere dein berufliches, soziales und privates Netzwerk.
- Scheue dich nicht, bei Bedarf nach Tat und Rat nachzufragen.

Persönliches Monitoring und Erfolgsevaluation

- Reflektiere deine Gedanken allein und/oder mit einer Person des Vertrauens.
- Wandle eigene Trugschlüsse in Neudenken um.
- Dokumentiere deine «Lessons learned».

5.2 Stufe II: «Musts» für die Entwicklung eines beruflichen Prototyps

- Erstelle ein aussagekräftiges Work Diary für zwei bis drei Wochen.
- Liste inspirierende und motivierende, aber auch frustrierende Aktivitäten aus dem Work Diary auf.
- Identifiziere Lieblingstätigkeiten aus dem Privatleben, beispielsweise mit einem Mindmap.
- Clustere positive Erfahrungen von beruflichen Aktivitäten aus dem Work Diary zusammen mit nützlichen Erkenntnissen aus dem privaten Freundeskreis, sozialen und institutionellen Netzwerken, geografischen Umgebung, Freizeitaktivitäten und anderen.
- Identifiziere Misserfolge und Erfolge und wandle diese in Potenziale um.
- Erstelle zwei bis drei unterschiedliche, idealistische berufliche Prototypen mit hohem Glücksgefühl.
- Identifiziere und nutze verschiedene für dich stimmige Techniken und Instrumente für die Ideenfindung, vom Evaluationsraster bis zur persönlichen Zukunftsplanung.
- Entscheide dich für einen Prototyp deines beruflichen Engagements mit Kopf, Bauch und Methodik.

5.3 Stufe III: Wichtige Schritte für die Umsetzung der beruflichen Visionen

Grundsatz: Durchleuchte deine beruflichen Zukunftsideen jeweils aus einem kritischen Blickwinkel in Bezug auf Realitätstauglichkeit, Durchführbarkeit, Nachhaltigkeit und Beitrag zu deiner persönlichen Happiness.

Erfolgreiche Stellensuche

- Entwickle ein professionelles CV.
- Kontaktiere dein privates, berufliches, soziales und institutionelles Netzwerk.
- Nutze verschiedene Kontakte und Kanäle bei der Stellensuche.
- Bereite dich seriös auf das Vorstellungsgespräch vor und reflektiere die erlebten Erfahrungen kritisch.
- Gib dein Bestes im Vorstellungsgespräch. Hinterlasse einen ausgezeichneten Eindruck.
- Analysiere jedes Vorstellungsgespräch nach Inhalt, Verhalten und verwendeter Methodik.
- Bedanke dich mündlich oder schriftlich nach jedem Vorstellungsgespräch, und zwar unabhängig vom Erfolg, beim entsprechenden Unternehmen.

Gründung eines Start-ups

- Lasse dich von Best Practice in der Gründungsphase des Start-ups inspirieren.
- Arbeite mit einem vertrauenswürdigen Coach mit konstruktiv kritischem Blick auf deinen Prozess.
- Entwickle einen realistischen Businessplan zu deinen Idealvorstellungen für deine Businessidee.

Hybrides Arbeitsportefeuille

- Evaluiere die verschiedenen Alternativen zu deiner beruflichen Neuorientierung.
- Entscheide dich mit Kopf, Bauch und Methodik für dein zukünftiges Arbeitsportefeuille.

Übung Nr. 22: Gesamtevaluation des Prozesses für eine berufliche Neuorientierung – «Lessons learned»

Evaluiere selbstkritisch die einzelnen Prozessschritte für eine berufliche Neuorientierung und leite deine «Lessons learned» daraus ab. Seite 102

Appendix

6

6.1 Übungen zu den einzelnen Themen

Übung Nr. 1: Die Suche nach dem «roten Faden» in meinem Leben
Wie sieht mein Lebensweg aus, und wer waren meine Weichensteller im Laufe meines Lebenspfades? Benutze einen Flipchart und zeichne deinen Lebensweg als «roten Faden» auf und bespreche diese Übersicht in Bezug auf Vollständigkeit, Wahrnehmung und Wahrheitsgehalt sowie das Vorhandensein von «hot spots» mit einer Person des Vertrauens.

Übung Nr. 2: Qualitative Anforderungen an den begleitenden Coach
Welche Anforderungen und Eigenschaften muss eine Vertrauensperson oder der begleitenden Coach erfüllen, damit er mein Vertrauen besitzt und mir in meiner Frage der beruflichen Neuorientierung helfen kann?

- Wie kann er eine vertrauens- und respektvolle Beziehung aufbauen? Wie empathisch wirkt die Vertrauensperson oder der Coach?
- Wie kann eine Person des Vertrauens oder ein begleitender Coach meine beruflichen Visionen und Ziele erkennen?
- Wie gestaltet er aktives Zuhören?
- Wie gibt er Feedbacks?
- Wie neugierig ist die Vertrauensperson oder der Coach?
- Wie ist er befähigt, mich als Person kennenzulernen und meine Persönlichkeit richtig zu deuten?
- Wie offen ist er für ein individuelles Coaching, das nicht blind einem ganz bestimmten Konzept folgt?
- Welche Methoden wird er anwenden?
- Wie begleitet er mich zwischen den Coaching-Sitzungen?
- Welche Struktur für das Coaching wird verwendet?
- Wie ist das Preis-Leistungs-Verhältnis?

Übung Nr. 3: Persönliche Voraussetzungen für eine erfolgreiche Selbstreflexion

In diesem Zusammenhang können folgende Fragen von Bedeutung sein:

- Wie gelingt es mir, meine Person selbstkritisch zu beurteilen, damit ich konstruktive Schlussfolgerungen für meine berufliche Zukunft ableiten kann?
- Für welche Themen ziehe ich allenfalls eine vertrauenswürdige Drittperson zu?
- Wie gehe ich mit den Erkenntnissen aus meiner Selbstanalyse um, damit diese zielführend ein- beziehungsweise umgesetzt werden können?

Übung Nr. 4: Meine Lebensreise im Rückblick

Stelle deinen Lebensweg mit allen wichtigen «Weichenstellungen» vom Beginn deines Lebens bis heute grafisch dar! Dabei stehen folgende Themen im Vordergrund:

- Erstelle eine Übersicht zu den übergeordneten Lebensbedingungen wie Wirtschaft, Politik, Umfeld und anderes für die Zeit deiner Geburt, Jugend, im jungen Erwachsenenalter, als Erwachsener und jetzt.
- Identifiziere wichtige «Weichenstellungen» in deinem Leben, welche das heutige «Ich» geprägt haben.
- Versuche, dich in die Situation bei jeder «Weichenstellung» einzufinden und mache dir Gedanken, was zu deiner getroffenen Entscheidung geführt hat.
- Schreibe bei jeder «Weichenstellung» ein paar Gedanken zu deinem persönlichen Umfeld auf.
- Überlege, ob es für dich bei deiner Lebensanalyse Verständnisprobleme gibt.
- Und nun beurteile, ob es in deinem Leben einen «roten Faden» gibt oder ob sich Brüche einschleichen. Wie erklärst du diesen «roten Faden» oder allfällige Brüche?

Gründe deine Überlegungen, soweit sinnvoll, auf die untenstehende Übersicht.

Lebensbereich/ Ressourcen	Welches sind meine persönlichen Stärken und mein «Humankapital»?	Wie sehen meine sozialen Beziehungen aus?	Mit welchen technologischen Mitteln bin ich gross geworden?	Wie sieht mein unmittelbares Umfeld aus?	Welche persönlichen Unterstützungen kann ich aus meinem privaten und persönlichen Umfeld abrufen?
Alltag/Beruf					
Leben im Umfeld					
Spiritualität					
Gesundheit					
Sicherheit					
Politische inbindung					
Familie					
Wohnsituation					

Quelle: in Anlehnung an lifecoursetools (2022).

Übung Nr. 5: Mit einer kritischen Selbstreflexion einen grossen Schritt weiter
Notiere auf einem separaten Blatt deine persönlichen Eindrücke und Empfindungen zu deinem «Ich» anhand der folgenden Fragen:

- Wie sehe und beurteile ich mich?
- Was sind die Inhalte und die persönliche Qualität meiner gegenwärtigen Arbeit?
- Wie steht es um meine Gesundheit?
- Wie verbringe ich meine Freizeit?
- Wie ist der Zustand meines Seelenlebens?
- Wie sieht mein persönliches Umfeld aus?
- Welches private und berufliche sowie allenfalls übriges Beziehungsnetz habe ich?
- Wie sieht meine Bereitschaft zur Mobilität zwischen Wohn- und Arbeitsort aus?
- Wie bin ich gesellschaftlich verwurzelt, wo kann ich loslassen und wo nicht?
- Wie stehe ich zur Schicksalhaftigkeit des Lebens oder einfach Karma?

Übung Nr. 6: Was ist meine Lebensphilosophie?
Die Fragen zur eigenen Lebensphilosophie sind grundsätzlicher Natur und sehr wichtig für die Orientierung auch im Berufsleben.

- Wieso sind wir hier?
- Was ist der Sinn und Zweck des Lebens?
- Welche Beziehungen bestehen zwischen dem Einzelnen und der Gesellschaft?
- In welches Konzept können Familie, Herkunftsland und die Welt eingefügt werden?
- Was ist gut und was ist schlecht?
- Gibt es eine höhere Gewalt oder eine andere Form von Transzendenz, die einen Einfluss auf mein Leben haben?
- Welche Rolle haben Freude, Trauer, Gerechtigkeit, Ungerechtigkeit, Zuneigung, Frieden und Streit in meinem Leben?

Übung 7: Wieso sind Wertvorstellungen das «tragende Gerüst»?
Die persönlichen Werte sind wegweisend für die Gestaltung des eigenen Privatlebens, aber auch entscheidend für die berufliche Tätigkeit.

- Erstelle einen persönlichen Wertekatalog und priorisiere diesen nach Bedeutung.
- Welche Werte sind mir persönlich wichtig, die ich in meiner beruflichen Tätigkeit unbedingt wiederfinden will?
- Welche Wertevorstellungen möchte ich nicht als Bestandteil meines beruflichen Umfeldes wieder antreffen?
- Bei welchen Themen ergänzen sich Arbeitsphilosophie und Lebensphilosophie?
- Bei welchen Themen sind sie gegensätzlich?
- Wie und in welchem Ausmass treibt das eine oder das andere an?

Übung Nr. 8: Meine Einschätzung zur eigenen Arbeitsphilosophie
Zusätzlich zu den Gedanken der eigenen Lebensphilosophie wird der Bogen zum Berufsleben gespannt.

- Warum arbeite ich?
- Was ist meine Motivation?
- Wozu dient Arbeit? Welchen Zweck verfolgt meine Arbeit?
- Was bedeutet Arbeiten für mich, beispielsweise als Statussymbol?
- Welchen Bezug hat meine Arbeit zu Einzelpersonen und zur Gesellschaft?

- Wie kann befriedigende beziehungsweise sinnstiftende Arbeit definiert werden?
- Welche Rolle hat Geld?
- Welche Bedeutung haben Erfahrungen, persönliche Weiterentwicklung und Zufriedenheit mit Arbeit?

Übung Nr. 9: Konvergenz zwischen Lebens- und Arbeitsphilosophie
Aufgrund der beiden Analysen der persönlichen Lebens- und Arbeitsphilosophie sollen die Werte und Vorstellungen miteinander verglichen werden.

- Liste alle Werte und Vorstellungen der Lebens- und Arbeitsphilosphie auf, die deckungsgleich oder praktisch deckungsgleich sind und somit bei der zukünftigen Karriereplanung keine persönlichen Hindernisse darstellen. Erstelle eine Priorität dieser deckungsgleichen Werte.
- Liste alle Werte und Vorstellungen der Lebens- und Arbeitsphilosphie auf, die sehr unterschiedlich sind, und strukturiere diese Erkenntnisse in drei Kategorien:
  (a) Unterschiede auf den ersten Blick sind trotzdem akzeptierbar,
  (b) Unterschiede müssen noch vertieft analysiert werden, und
  (c) Unterschiede sind absolut nicht akzeptierbar und stellen ein Werterisiko für mich dar.
- Schreibe deine Erkenntnisse aus dieser Werteanalyse als Basis für die Beurteilung einer zukünftigen Tätigkeit beziehungsweise für die Beurteilung eines möglichen Arbeitgebers auf.

Übung Nr. 10: Straucheln und Versagen – Umwandlung in berufliche Potenziale
Überlege dir selbstkritisch, welches Versagen und welche Unzulänglichkeiten dein Leben negativ beeinflusst haben. Liste diese auf.

- **Beschreibe dein Versager und Unzulänglichkeiten**
  Notiere deine alltäglichen Ungereimtheiten im Work Diary über eine Woche, einen Monat oder einige Monate auf. Liste die Versagermomente auf.
- **Ordne deine Versager**
  Clustere deine Versager in drei Kategorien, nämlich in
  (a) Missgeschicklichkeiten, die in der Regel nicht passieren,
  (b) Schwächen, die aufgrund einer permanenten Schwäche entstehen und dauernd wiederkehren, und

   (c) Entwicklungsmöglichkeiten, die eigentlich nicht passieren sollten, deren Ursachen aber ersichtlich sind und auch behoben werden können.
- **Identifiziere Entwicklungspotenziale**
  Aus welchen Fehlern können Hilfestellungen für ein zukünftiges Verhalten gefunden werden? Dabei stellen sich zwei Fragen:
  (a) Was lief schief? Welche kritischen Faktoren (critical failure factor) sind relevant?
  (b) Was könnte das nächste Mal besser (critical success factor) gemacht werden?

Übung Nr. 11: Sachzwänge loslassen und Ballast abwerfen

Welche Sachzwänge belasten mich negativ und wie kann ich diesen Ballast abwerfen?

- Notiere und priorisiere alle Sachzwänge, die dich negativ beeinflussen.
- Identifiziere diejenigen Sachzwänge, welche dich in deiner persönlichen und beruflichen Entwicklung sehr behindern.
- Evaluiere die Auswirkungen beim Abwerfen des Ballastes, welche dich am meisten befreien und dir ein grosses Glücksempfinden geben.
- Starte sorgfältig mit der Aufarbeitung und Bereinigung deiner Sachzwänge.

Übung Nr. 12: Das Work Diary als Wohlfühlbarometer

Das Work Diary ist ein wichtiges Dokument im Rahmen der beruflichen Standortbestimmung und dient als Grundlage für den neuen beruflichen Lebensentwurf. Erstelle und evaluiere dein Work Diary.

- Erstelle ein Tagebuch und verwende dazu ein Arbeitsblatt. Notiere die Zeiten und Aktivitäten, bei denen du von Energie getrieben bist.
- Führe dieses Tagebuch während zwei bis drei Wochen.
- Am Ende jedes Tages reflektiere deine Aufzeichnungen, das heisst, welche Aktivitäten sind einnehmend und anregend und welche nicht?
- Gibt es Überraschungen bei deinen Reflexionen?
- Vertiefe deine Gedanken, wieso gewisse Aktivitäten einnehmend und anregend sind.
- Reflektiere deine Gedanken in einer strukturierten Vorgehensweise, beispielsweise mit Clustering, Eisenhower Matrix, ABC Methode und anderen.

Übung Nr. 13: Die erste Auslegeordnung der beruflichen Visionen

Erstelle je ein Mindmap zu den Themen Engagement, Energie und Happiness.

- Mindmap 1 – Engagement – wo generiere ich viel persönliches Engagement?
  Wähle ein Thema aus dem Work Diary aus, bei dem du am meisten Engagement entwickelt hast, und erstelle ein Mindmap zum «Warum».
- Mindmap 2 – Flow – wo leite ich viel Flow ab?
  Wähle ein Thema aus dem Work Diary aus, bei dem viel Flow bei dir ausgelöst wurde, und erstelle ein Mindmap zum Thema «Warum».
- Mindmap 3 – Happiness – wo leite ich viel Freude ab?
  Wähle ein Thema aus dem Work Diary aus, bei dem du am meisten Freude entwickelt hast und erstelle ein Mindmap zum Thema «Warum».
  (a) Betrachte den äusseren Ring auf einem deiner Mindmaps und wähle drei Themen aus, die ins Auge springen.
  (b) Versuche diese drei Themen in eine Stellenbeschreibung einzuflechten.
  (c) Definiere deine Rolle und plakatiere deine Funktion als Zeichnung.
  (d) Wiederhole die Übung für jedes Mindmap.

Übung Nr. 14: Die Entwicklung einer beruflichen Vision mit einem imaginären Stellenbeschrieb

Identifiziere aus einer Intuition heraus drei augenfällige Themen, die Basis für eine Zukunftsplanung sein könnten.

- Kombiniere diese Themen in einem Stellenbeschrieb.
- Definiere deine Rolle in diesem Stellenbeschrieb.
- Wiederhole die Übung, bis du einen für dich zufriedenstellenden Stellenbeschrieb entwickelt hast.

Übung Nr. 15: Die Konkretisierung der Zukunft mit einem beruflichen Prototyp

Entwerfe zwei bis drei berufliche Prototypen für deine berufliche Neuausrichtung und versuche Ideen für die nächsten fünf Jahre zu entwickeln, die eine brauchbare Basis zur Entscheidungsfindung abgeben.

- Berufsmodell 1: Dieses Berufsmodell orientiert sich an deinen bereits vorhandenen Vorstellungen der beruflichen Zukunft oder an einer heissen Idee, an welche du schon lange denkst.

- Berufsmodell 2: Dieses Berufsmodell orientiert sich an der Idee, dass plötzlich, was immer du gemacht hast, vorbei ist. Es gibt kein zurück. Du musst irgendwas tun, damit du deinen Unterhalt bestreiten kannst.
- Berufsmodell 3: Was würdest du beruflich tun, falls Geld oder das momentan gelebte Leben keine Einschränkungen vorgibt, also ein absoluter Neuanfang mit praktisch keinen Einschränkungen?

Präsentiere die Pläne der Berufsmodelle einer Vertrauensperson oder einem eingeweihten und vertrauenswürdigen Team und beobachte dich selber und lasse dich von diesen Drittpersonen beobachten, welche Energien «feu sacré» du dabei entwickelst.

Übung Nr. 16: Pflege und Weiterentwicklung des privaten und beruflichen Netzwerkes

Wie sieht dein privates und berufliches Beziehungsnetz aus, und zwar analog wie digital? Beantworte sorgfältig die folgenden Fragen:

- Wie sieht mein analoges privates und berufliches Netzwerk aus? Erstelle ein Mapping mit den wichtigsten Stakeholdern, die für die berufliche Neuorientierung bedeutungsvoll sind.
- Wie sieht mein digitales privates und berufliches Netzwerk auf den verschiedenen sozialen Plattformen aus? Erstelle eine Übersicht über die verschiedenen benutzten Plattformen und identifiziere die Stakeholder, die wichtig für deine berufliche Zukunft sind.
- Evaluiere und liste deine wichtigsten Kontakte nach Prioritäten auf, welche für deine berufliche Zukunft von Bedeutung sein könnten.

Übung Nr. 17: Curriculum Vitae und Bewerbungsschreiben – der erste Eindruck zählt

Erstelle dein CV auf der Basis von einem oder mehreren Best-Practice-Beispielen.

- Erstelle dein CV aufgrund einer vorhanden oder auch fiktiven Stellenausschreibung.
- Lasse ein attraktives Passfoto von dir erstellen.
- Hole konstruktiv kritische Feedbacks für deinen CV von einer Vertrauensperson beziehungsweise einer Fachperson ein.
- Ergänze den CV aufgrund der erhaltenen Rückmeldungen.
- Bereite ein attraktives Bewerbungsschreiben vor, das zu deiner Person und zur möglichen Stellenausschreibung passt.

Übung Nr. 18: Vorstellungsgespräch – Vorbereitung und Gedanken zum Ablauf

Bereite dich seriös auf das Vorbereitungsgespräch vor und erstelle einen möglichen Fragekatalog zu alterskritischen Fragen samt deinen Antworten.

- Informiere dich mit verschiedenen Hilfsmitteln/Medien über den potenziellen Arbeitgeber und die potenzielle Stelle so gut wie möglich.
- Bereite relevante und stimmige Fragen zum Arbeitgeber, zur Geschichte des Unternehmens, Unternehmenskultur, Mitarbeitende, Produkte/Dienstleistungen, betriebliche Situation und Herausforderungen, zu deiner neuen Funktion und Einbettung im Unternehmen und zu deinem weiteren möglichen Arbeitsumfeld vor.
- Sammle und notiere kritische Fragen bei Interviewgesprächen für Personen 45plus und bereite treffende Antworten dazu vor.
- Simuliere das Vorstellungsinterview mit einer kompetenten Person des Vertrauens.

Übung Nr. 19: Nachbereitung des Vorstellungsgesprächs – Lessons learned

Lasse unmittelbar nach dem Vorstellungsgespräch das Interview Revue passieren und leite deine «Lessons learned» daraus ab.

Fragen können sein:

- Wie war die Atmosphäre des Gesprächs mit dem möglichen Arbeitgeber?
- Wie habe ich mich eingebracht?
- Welche Wirkungen habe ich auf meine Interviewpartner?
- Bei welchen Fragen bin ich angestossen und wie habe ich darauf reagiert?
- Welches sind meine Lessons learned und wie könnte ich mich das nächste Mal verbessern?

Übung Nr. 20: Businessplan – der erste Schritt zur Selbstständigkeit

Erstelle einen Businessplan zu deiner Geschäftsidee.

Bereite einen detaillierten Businessplan zu deiner Geschäftsidee vor. Verwende Best-Practice-Beispiele, aber nutze auch branchenfremde Anregungen. Stelle den Businessplan Personen des Vertrauens vor und überprüfe deine Ideen nach den Kriterien (a) realistisch, (b) umsetzbar und (c) überprüfbar.

Konsultiere auch entsprechende unterstützende Start-up-Organisationen/Institutionen beziehungsweise Banken – falls Startkapital notwendig – bei der Evaluation des Businessplans.

Übung Nr. 21: Hybrides Arbeitsportefeuille – Entscheidungsgrundlage

Erstelle eine Entscheidungsgrundlage für dein zukünftiges Arbeitsportefeuille.

Erstelle eine Entscheidungsgrundlage für dein zukünftiges Arbeitsportefeuille unter Verwendung von einem dir vertrauten Evaluationsinstrument.

Übung Nr. 22: Gesamtevaluation des Prozesses – «Lessons learned»

Evaluiere selbstkritisch die einzelnen Prozessschritte für eine berufliche Neuorientierung und leite deine «Lessons learned» daraus ab.

Nr.	Prozessschritt	++	+	-	–	«Lessons learned»
1	Coaching					
2	Persönliche Voraussetzungen					
3	Lebensrückblick					
4	Selbstreflexion					
5	Lebensphilosophie					
6	Arbeitsphilosophie					
7	Wertvorstellungen					
8	Lebens- und Arbeitsphilosphie					
9	Straucheln und versagen					
10	Sachzwänge und Ballast					
11	Work Diary					
12	Engagement, Energie und Happiness					
13	Stellenbeschrieb					
14	Beruflicher Prototyp					
15	Curriculum Vitae und Bewerbungsschreiben					
16	Vorbereitung auf das Vorstellungsgespräch					
17	Nachbereitung des Vorstellungsgesprächs					
18	Businessplan					
19	Hybrides Arbeitsportefeuille					
20	Gesamtevaluation					

6.2 Übersicht der Trugschlüsse

(teilweise in Anlehnung an Burnett Bill & Evans Dave, 2016 und 2020)

Trugschluss Nr. 1: Kenntnisse der eigenen Lebensreise – nicht notwendig!
Trugschluss: Ich weiss schon, wohin meine Lebensreise und meine berufliche Zukunft gehen.
Neudenken: Du kannst nicht irgendwo hingehen, solange du nicht weisst, wo du gerade stehst, und deine jetzige Lebenssituation vertieft analysiert hast.

Trugschluss Nr. 2: Unterstützung durch Drittperson – nein danke!
Trugschluss: It is my life! Ich muss dieses selber gestalten und entwickeln. Dafür brauche keine Unterstützung einer Drittperson oder eines Teams.
Neudenken: Du lebst dein Leben. Hingegen schliesse dich für deine persönliche Weiterentwicklung mit vertrauenswürdigen Personen oder einem Coach kurz, wo immer sinnvoll.

Trugschluss Nr. 3: Eine kritische Selbstreflexion schadet mehr, als sie nützt.
Trugschluss: Ich kenne mich gut genug und brauche keine zeitaufwendige und kritische Selbstspiegelung.
Neudenken: Deine Stärken und Schwächen verbunden mit deinen zukünftigen Potenzialen kannst du nur erarbeiten, wenn du dich selbstkritisch und vertieft mit deiner Person und Situation auseinandersetzt.

Trugschluss Nr. 4: Die eigene Vergangenheit ist bedeutungslos für die Zukunft
Trugschluss: Ich kann mich nur recht und schlecht an meinen bisherigen Lebensweg erinnern, wobei ich mir auch nicht vorstellen kann, welche Rolle meine Vergangenheit bei der Gestaltung meiner Zukunft hat.
Neudenken: Deine persönliche Vergangenheit sowie deine soziokulturelle und -ökonomische Umgebung sind wichtige Eckpfeiler für eine erfolgreiche Gestaltung deiner beruflichen Zukunft.

Trugschluss Nr. 5: Das Verdrängen der eigenen Schwächen schützt mich
Trugschluss: Meine Stärken machen mich stolz. Meine Schwächen verdränge ich geflissentlich.
Neudenken: Die vertieften Kenntnisse der eigenen persönlichen Stärken und Schwächen schärfen das Bild deiner Persönlichkeit und stellen eine Ressource dar.

Trugschluss Nr. 6: Ungewissheit und Ängste auf dem zukünftigen Lebensweg
Trugschluss: Ich sollte wissen, wohin ich gehe!
Neudenken: Du weisst nicht immer, wohin du gehst. Aber du weisst immer, ob du in die richtige Richtung gehst.

Trugschluss Nr. 7: Was zählt im Leben?
Trugschluss: Ein Leben wird vielfach am Erreichten gemessen und beurteilt. Ein Straucheln schadet meinem sozialen Status und meinem Selbstwertgefühl und behindert somit meine beruflichen Zukunftschancen.
Neudenken: Das Leben ist ein Prozess und kein Resultat. Jede allfällige Zäsur im Leben – ob negativ oder positiv – ist auch eine Chance, die es immer zu nutzen gilt.

Trugschluss Nr. 7: Glücklich sein ist Utopie und unerreichbar.
Trugschluss: Glücklich ist, wer alles hat!
Neudenken: Glücklich ist, wer alles loslässt, was er nicht braucht.

Trugschluss Nr. 8: Ich weiss weder ein noch aus.
Trugschluss: Ich bin festgefahren.
Neudenken: Du bist nie festgefahren, weil du dich von Sachzwängen lösen musst und anschliessend neue Ideen entwickeln kannst.

Trugschluss Nr. 9: Arbeit macht keinen Spass.
Trugschluss: Die Arbeit sollte keinen Spass machen. Deshalb wird Arbeit «Arbeit» genannt.
Neudenken: Die Freude ist ein wichtiger Wegweiser, um eine befriedigende Arbeit zu finden.

Trugschluss Nr. 10: Endlose Suche nach der zündenden Idee
Trugschluss: Ich benötige die zündende Idee.
Neudenken: Du brauchst eine Vielzahl von neuen Ideen, damit du eine Auswahl treffen kannst.

Trugschluss Nr. 11: Ich gebe auf!
Trugschluss: Wenn ich nicht mehr weiterweiss, gebe ich auf, weil ich auch keine unterstützende Umgebung besitze.
Neudenken: Sei hartnäckig und bleibe dran: «Never give up!» Überwinde deine innere Ohnmacht und deinen Frust unter Beihilfe von positiv gesinnten Freunden und Bekannten.

Trugschluss Nr. 12: Mein Traumjob in Griffnähe
Trugschluss: Mein Traumjob wartet irgendwo auf mich.
Neudenken: Du entwickelst deinen Traumjob durch einen proaktiven, kreativen und methodisch geführten Prozess anhand von Prototypen.

Trugschluss Nr. 13: Mein Ansatz der beruflichen Planung bringt mich nicht weiter
Trugschluss: Ich muss herausfinden, welches meine konkreten beruflichen Visionen sind, und dann erstelle ich einen Plan und ziehe diesen durch.
Neudenken: Es gibt verschiedene grossartige berufliche Muster in mir, auf denen ich meine weitere berufliche Zukunft aufbauen möchte.

Trugschluss Nr. 14: Netzwerken ist anbiedernd.
Trugschluss: Netzwerken ist vor allem belästigend – es ist schleimig und anbiedernd.
Neudenken: Beim Netzwerken wird nach Orientierung gefragt und nicht nach Vorteilen «geschleimt».

Trugschluss Nr. 15: Der Traumjob auf der vermeintlichen Stellenplattform
Trugschluss: Auf der geeigneten Stellenplattform finde ich meinen Traumjob.
Neudenken: Viele interessante Stellen werden überhaupt nicht auf einer Stellenplattform, noch weniger in Zeitungen ausgeschrieben, sondern werden intern oder auf «Mund zu Mund»-Basis kommuniziert.

Trugschluss Nr. 16: Eindimensionale Jobsuche
Trugschluss: Ich suche einen Job.
Neudenken: Du versuchst verschiedene Stellenangebote zu erhalten, um eine attraktive Auswahl für deine berufliche Zukunft zu entwickeln.

Trugschluss Nr. 17: Die richtige Stellenwahl und Happiness
Trugschluss: Um glücklich zu werden, muss ich die richtige Stellenwahl treffen.
Neudenken: Es gibt nicht die richtige Stellenwahl, sondern nur gute Auswahlverfahren, die eine übersichtliche Grundlage zur Entscheidungsfindung schaffen.

Trugschluss Nr. 18: Gründung eines Start-ups bedingt viel Kapital und enthält unendlich viele lähmende Ungewissheiten
Trugschluss: Ich schaue einfach, was der Markt aus meinen eigenen Erfahrungen hergibt, erstelle einen Businessplan, und dann geht es los.
Neudenken: Du sollst einen sorgfältigen und zukunftsgerichteten Businessplan erstellen, deine Kompetenzen und dein Persönlichkeitsprofil sowie die finanziellen Möglichkeiten selbstkritisch einschätzen, deine unmittelbare soziale Umgebung in die Meinungsbildung miteinbeziehen und letztlich auch das Bauchgefühl in der Entwicklung eines Businessplans einbringen.

Trugschluss Nr. 19: Meine Orientierung muss kompatibel sein
Trugschluss: Ich orientiere mich an meinen Bedürfnissen, um einen neuen Job beziehungsweise ein eigenes Arbeitsportefeuille zu finden.
Neudenken: Du sollst dich an den Bedürfnissen des anstellenden Managers und der möglichen Auftraggeber orientieren, um die richtige Person zu finden. Oder du sollst eine bedürfnisorientierte Produktepalette als Selbständigerwerbender in Verbindung mit einer zufriedenstellenden Anstellung zusammenstellen.

6.3 Bibliografie

Absolventa (2019). XYZ Generationen auf dem Arbeitsmarkt, https://www.absolventa.de/karriereguide/berufseinsteiger-wissen/xyz-generationen-arbeitsmarkt-ueberblick.

Alboher Marci (2013). The encore career Handbook, New York.

Althaus Nicole und Isler Thomas (2022). Sind die Babyboomer an allem Schuld, Interview mit Thomas Held, in: NZZ vom 2.10.2022.

Béglé Claude, (2018), Postulat 16.3153, Bekämpfung der Altersdiskriminierung, um die Erwerbstätigkeit von Seniorinnen und Senioren zu fördern, https://www.parlament.ch/de/ratsbetrieb/suche-curia-vista/geschaeft?AffairId=20163153.

Beratungszentrum-gr (2022). Schaffä soll passa, https://www.beratungszentrum-gr.ch/arbeit-und-beruf.html.

Bergaron Christine M. et al. (2017). «Letting Go» (Implicitly: Priming Mindfulness Mitigates the Effect of a Moderate Social Stressor. Frontiers in Psychology, 7. Jg.

Bundesamt für Gesundheit (2022). Nationale Strategie Sucht 2017–2024, https://www.bag.admin.ch/bag/de/home/strategie-und-politik/nationale-gesundheitsstrategien/strategie-sucht.html (abgerufen am 2.3.2021).

Bundesamt für Statistik (2022). Übergewicht und Adipositas im Jahr 2017, https://www.bfs.admin.ch/bfs/de/home/statistiken/gesundheit/determinanten/uebergewicht.html.

Bundesamt für Statistik (2022). Quoten der gesundheitsbedingten Absenzen am Arbeitsplatz 2019, https://www.bfs.admin.ch/bfs/de/home/statistiken/arbeit-erwerb/erwerbstaetigkeit-arbeitszeit/arbeitszeit/absenzen.assetdetail.12707470.html.

Bundesamt für Statistik (2021). Szenarien für die Bevölkerungsentwicklung in der Schweiz und in den Kantonen 2020–2050, https://www.viz.bfs.admin.ch/assets/01/ga-01.03.01/de/index.html.

Bundesamt für Statistik (2022). Erwerbsquote der 50- bis 74-Jährigen, https://www.bfs.admin.ch/bfs/de/home/statistiken/arbeit-erwerb/erwerbstaetigkeit-arbeitszeit/alter-generationen-pensionierung-gesundheit/erwerbstaetigkeit-pensionierung.html.

Bundesamt für Statistik (2022). Erwerbstätigenzahl 3. Quartal 2022, Medienmitteilung, 11/2022.

Bundeskanzlei (2021). Eidgenössische Volksinitiative «Für eine sichere und nachhaltige Altersvorsorge» (Renteninitiative), https://www.bk.admin.ch/ch/d/pore/vi/vis505t.html.

Bureau of Labor Statistics / BLS (2022). How the Government Measures Employment, https://www.bls.gov/cps/cps_htgm.htm.

Burnett Bill & Evans Dave (2016). Designing your life – How to build a well-lived and joyful life.

Burnett Bill & Evans Dave (2020). Designing your work life – How to thrive and change and find happiness at work.

Business Angels Switzerland (2022). Smart Money for smart Innovators, https://www.businessangels.ch.

Businessnewsdaily.com (2022). Techniques and Tools to Help you Make Business Decisions, https://www.businessnewsdaily.com/6162-decision-making.html.

California Department of Aging (2022). California State Plan on Aging 2021–2025, https://aging.ca.gov/download.ashx?lE0rcNUV0zZW4jD5nrNRAA%3D%3D.

California Department of Aging (2022). California Senior Community Service Program State Plan Modification, Program Years 2021–2025, https://aging.ca.gov/download.ashx?lE0rcNUV0zZW4jD5nrNRAA%3D%3D.

Carse James (2013). Finite and infinite games.

CleverMemo.com (2022). 12 Fähigkeiten und Kompetenzen, die einen guten Coach auszeichnen, https://clevermemo.com/blog/faehigkeiten-kompetenzen-coach/.

Companies and Returnship Network (2022). Wir schaffen Chancen für die Erschliessung von ungenutztem Arbeitspotential, https://crn-verein.ch.

CRN (2022). Companies Returnships Network, https://crn-verein.ch.

Csíkszentmihályi Mihály (2014). Flow im Beruf, Das Geheimnis des Glücks am Arbeitsplatz.

Deem Richard S. und Deem Terri A. (2010). Make Job loss work for you – Get over it and get your career back on track, Indianapolis.

Deloitte (2016). Strukturwandel schafft Arbeitsplätze. Wie sich die Automatisierung auf die Schweizer Beschäftigung auswirken wird.

Die Mitte, vormals CVP (2016). Ältere Arbeitnehmer stärken, https://www.cvp.ch/de/news/2016-09-28/aeltere-arbeitnehmende-staerken.

Die Mitte, vormals CVP (2018). Sind wir fit für die Arbeitswelt 4.0? https://www.parlament.ch/de/ratsbetrieb/suche-curia-vista/geschaeft?AffairId=20163694.

Donna Magazin (2019). Autor nicht bekannt, Midwork Krise bei Frauen, https://www.donna-magazin.de/unzufriedenheit-im-job-midwork-krise-bei-frauen.

Dürsteler Urs und Mehmann Gina (2019). Achtsamkeitsmeditation – Ein wirksames Führungsinstrument trotz hoher Skepsis in Schweizer Unternehmen, in: Working Papers HWZ, https://zenodo.org/record/6531571#.Yqht-oS35zwc.

Egger, Dreher und Partner (2019). Bestandsaufnahme aller arbeitsmarktlichen Massnahmen für über 50-Jährige Stellensuchende in den Kantonen 2019, https://www.newsd.admin.ch/newsd/message/attachments/56825.pdf.

Eidgenössisches Departement für Wirtschaft, Bildung und Forschung (2021). 6. Nationale Konferenz «Ältere Arbeitnehmende»: Bund, Kantone und Sozialpartner ziehen Bilanz, https://www.admin.ch/gov/de/start/dokumentation/medienmitteilungen.msg-id-85872.html.

Encyclopedia.com (2022). https://www.encyclopedia.com/reference/encyclopedias-almanacs-transcripts-and-maps/life-course-theory.

Equality Human Rights Commission (2022). Age discrimination, https://www.equalityhumanrights.com/en/advice-and-guidance/age-discrimination#act.

equi-Labo (2022). Laboratorio per la Valorizzazione delle Differenze di Genere, www.equi-lab.ch.

frauundarbeit (2022). Wiedereinstieg nach Erwerbsunterbruch, https://www.frauundarbeit.ch/Beruf_Laufbahn.

FDP Die Liberalen (2019). Flexibles Arbeiten im Alter (Positionspapier) 19. November 2013, https://www.fdp.ch/fileadmin/documents/fdp.ch/pdf/DE/Positionen/Positionspapiere/Sozialpolitik/Mehr_zu_diesem_Thema/20131118_PP_AV_Flexibles_Arbeiten_im_Alter_d.pdf.

Frey Carl Benedikt und Osborne Michael A. (2013). The Future of Employment: How Susceptible are Jobs to Computerisation, Oxford.

Frey Bruno S. (2018). Economics of Happiness, Cham.

Friedman Marc (2008). Find Work That Matters in the Second Half of Life.

Giele J. and Elder G. (1998). Life Course Research: Methods of Life Course Research: Qualitative and Quantitative Approaches.

Gratwohl Natalie (2019). Wie über 50-jährige Fachkräfte wieder einen Job finden, in: NZZ vom 4.2.2019, https://www.nzz.ch/wirtschaft/ue50-und-arbeitslos-wie-fachkraefte-wieder-einen-job-finden-ld.1457026?mktcid=nled&mktcval=107&kid=_2019-2-5.

Great Place to Work (2022). What is a great place to work? https://www.greatplacetowork.ch/ueber-uns/great-place-to-work-methodik/.

Great Place to Work (2021). Interne Studie zur Arbeitszufriedenheit.

Gross National Happiness Commission (GNHC) (2019). Royal Government of Bhutan, https://www.gnhc.gov.bt/en/?page_id=1065.

gruenden.ch (2022). Möchten Sie ein Unternehmen gründen, https://www.gruenden.ch.

Hagmann Lea (2022), Du bist nicht, was du arbeitest, in: NZZ am Sonntag Magazin vom 23.10.2022.

Handelszeitung (2017). Verzwickte Lage für über 50-Arbeitslose. https://www.handelszeitung.ch/konjunktur/verzwickte-lage-fuer-ue50-arbeitslose-1389282.

Handelszeitung (2011). Die 1950er Jahre: Wunder Waschmaschine, 11.5.2011, https://www.handelszeitung.ch/unternehmen/die-1950er-jahre-wunder-waschmaschine

Heinlein Robert A. (1961). Stranger in a Strange Land.

IKEA (2022). Wiedereinstiegsprogramm nach dem Mutterschaftsurlaub, https://media.ikea.ch/pressrelease/wiedereinstiegsprogramm—ikea-lanciert-ein-programm—das-frauen-nach-dem-mutterschaftsurlaub-die-r%C3 %BCckkehr-ins-erwerbsleben-erleichtert/2880/.

ILO (2022). Aging Societies: The benefits and the costs of living longer, https://www.ilo.org/global/publications/world-of-work-magazine/articles/WCM_041965/lang—en/index.htm.

Informations- und Beratungszentrum Bern (2022). www.frac.ch.

journeyR (2022). What is a work diary? https://journey.cloud/work-diary/.

Karrierebibel (2022). Vorstellungsgespräch: Ablauf, Dauer, Tipps für Bewerber, www.karrierebibel.de/bewerbungsverfahren.

Kaufmännischer Verband, Arbeitswelt 4.0, in: Context, 1/2018.

Klugo Hugo (2022). Kündigungsgründe, https://www.klugo.de/rechtsgebiete/arbeitsrecht/kuendigung/kuendigungsgruende.

Lang Ursula Maria (2021). Berufung: Gesundheit durch Lebenssinn, Ein Interview über Berufung und Lebenssinn, in: St. Leonhards Akademie, https://st-leonhards-akademie.de/gesundheit/quell-magazin-berufung-und-gesundheit.html?gclid=Cj0KCQiAyracBhDoARIsACGFcS4WZH9GqscJcpKjcPbdxOuOkdN3XsuUlRs2Q32LRTHPF7Cr1m2OrCEaAsFnEALw_wcB.

lifecoursetools.com (2022). Charting the Life Course, https://lifecoursetools.com/wp-content/uploads/Integrated-Support-Options-updated-february-2017.pdf.

McIntyre Marie G., Minimizing (2018). Age Bias in a Job Interview, in: San Diego Union Tribune vom 10.9.2018.

Meier Yaël et al. (2022). GenZ Für Entscheider:innen, Campus Verlag.

Mein Wiedereinstieg in die Diplompflege (2022). Wir suchen als Wiedereinsteigerin, https://www.wiedereinsteigen.ch/index/.

Memoriav (2022). Rückblende auf die 60er Jahre, http://memoriav.ch/av_medienmitteilung_29-11-2018/.

Mindmapping.com (2022). How to make a mindmap, https://www.mindmapping.com.

Mitchell, Barbara A. (2003). «Life Course Theory», in: The International Encyclopedia of Marriage and Family Relationships, 1051–1055 (J. Ponzetti, ed.). New York: Macmillan Reference.

O'Rand Angela, Henretta John C. (2018). Age and Inequality, Diverse Pathway through Later Life.

Price Sharon, McKenry Patrick C., Murphy Megan J. (2000). Families Across Time – A Life Course Perspective, Oxford.

psi (2022). Career Return Program, https://www.psi.ch/en/pa/support-program-psi-career-return-program.

Rechsteiner Paul, Postulat 14.3569 (2014). Nationale Konferenz zum Thema älteren Arbeitnehmenden, https://www.parlament.ch/de/ratsbetrieb/suche-curia-vista/geschaeft?AffairId=20143569.

Regionale Arbeitsvermittlungsstelle Schaffhausen (2019). Jobhunter Programm, Digitale Business Card, in: NZZ vom 4.2.2019.

Rejuvage (2022). Midlife Crisis 5 Questions What you're most likely to ask, https://rejuvage.com/midlife-crisis/.

Sachs Sybille, Meier Claude and McSorley Vanessa (2017). Digitalisierung und die Zukunft kaufmännischer Berufsbilder – eine explorative Studie, Zürich.

Schäfer Susanne (2019). Das Tal des Lebens, in: Zeit@online, https://www.zeit.de/zeitwissen/2012/04/Midlife-Crisis.

Schäfer Susanne (2022). Midlife-Crisis: Das Beste was Ihnen passieren kann – 5 Tipps wie Sie die Chance nutzen können, https://beziehungs-abc.de/midlife-crisis-das-beste-was-ihnen-passieren-kann/.

Schlesinger Jill (2018). Questions to ask before starting job hunting, in: The San Diego Union Tribune vom 10.9.2018.

Schnetzer Simon (2022). Generation Y, https://simon-schnetzer.com/generation-y/#haupteigenschaften-geny.

Schuy Marcel (2022). 12 Fähigkeiten und Kompetenzen, die einen guten Coach ausmachen, https://clevermemo.com/blog/faehigkeiten-kompetenzen-coach/.

Schweizer Radio und Fernsehen (2017). Arena vom 21.4.2017, Ü50 – chancenlos, https://www.srf.ch/sendungen/arena/ue50-chancenlos.

Schweizerische Volkspartei (SVP) (2022). Kurzpositionspapier 2019, https://www.svp.ch/wp-content/uploads/20190930-Kurzpositionspapier-Arbeitsplätze-in-der-Schweiz-in-Gefahr_D.pdf.

SECO, Staatssekretariat für Wirtschaft (2018). 4. Nationale Konferenz ältere Arbeitnehmende, https://www.fachkraefteschweiz.ch/de/50plus/beispiele/192/nationale-konferenz-zum-thema-altere-arbeitnehmende/ abgerufen am 30.1.2019.

SECO Staatssekretariat für Wirtschaft (2022). Schweizer Arbeitsmarkt erholte sich im Jahre 2021 kräftig von der Pandemie, https://www.newsd.admin.ch/newsd/message/attachments/69848.pdf.

SECO Staatssekretariat für Wirtschaft (2019). 5. Nationale Konferenz zum Thema ältere Arbeitnehmende – Tätigkeitsbericht 2015 – 2019, https://www.newsd.admin.ch/newsd/message/attachments/56822.pdf.

SECO Staatssekretariat für Wirtschaft (2019). 5. Nationale Konferenz zum Thema ältere Arbeitnehmende, Wiedereingliederung und soziale Absicherung, https://www.admin.ch/gov/de/start/dokumentation/medienmitteilungen.msg-id-74911.html.

SECO (2022). KMU Portal für kleinere und mittlere Unternehmen, Firmengründung: Tipps vor dem Start und Hilfsangebote, https://www.kmu.admin.ch/kmu/de/home/praktisches-wissen/kmu-gruenden/firmengruendung.html.

SECO (2022). Statistiken zu Arbeitslosigkeit und Erwerbslosigkeit https://www.seco.admin.ch/seco/de/home/wirtschaftslage—-wirtschaftspolitik/Wirtschaftslage/Arbeitslosenzahlen.html.

Semnani Neda (2016). Don't make New Year Resolutions this Year. Redesign your Life instead, in: Washington Post vom 30.12.2016.

Sharon J. Price, McKenry Patrick C., Murphy Megan J. (2000). Families Across Time – A Life Course Perspective.

Sheena Lynegar (2013). The Art of Choosing.

Sheldon Georg (2017). Höheres Rentenalter ohne Zutaten, https://www.fuw.ch/article/hoeheres-rentenalter-ohne-zutaten/.

Sozialdemokratische Partei der Schweiz (2019). Arbeit und Ausbildung für alle, Positionspartier 2019, https://www.sp-ps.ch/de/themen/wirtschaft-und-arbeit.

Startbox Zürich (2022). Gründung eines Startups, https://zh.startbox.swiss.

Swissinfo (Jahr unbekannt), 1968 in der Schweiz, https://www.swissinfo.ch/ger/dossiers/1968-in-der-schweiz.

UBS (2022). Career Comeback, https://www.ubs.com/global/en/careers/career-comeback.html.

UNESCO (2022). Definition non-formal Education, http://uis.unesco.org/en/glossary.

UNICUM (2022). Generationen X, Y, und Z – Eine Übersicht der Merkmale und Touchpoints, https://unicum-media.com/marketing-wiki/generation-x-y-z/?portfolioCats=88%2C84%2C85%2C82%2C83#genz.

U.S. Bureau of Labor Statistics (2022). Selected unemployment Indicators, seasonally adjusted, November 2022, https://www.bls.gov/news.release/empsit.t10.htm.

U.S. Equal Employment Opportunity Commission (2022). Fact Sheet: Age Discrimination, https://www.eeoc.gov/laws/guidance/fact-sheet-age-discrimination.

U.S. Equal Employment Opportunity Commission (2022). Gesetz gegen Altersdiskriminierung (ADEA – Age-Discrimination-Employment Act, 1967), https://www.eeoc.gov/statutes/age-discrimination-employment-act-1967.

Values Academy (2022). Alle Werte, https://www.values-academy.de/werte-lexikon/alle-werte/.

Vita (2022). Pensionierung aufschieben: Mit Freude weiterarbeiten nach 65, www.vita.ch.

Wachter Isabelle (2022). Wie schafft man nach jahrelanger Familienpause den Wiedereinstieg in den Arbeitsmarkt? Die wichtigsten Fragen und Antworten, in: NZZ vom 2.11.2022, www.nzz.ch.cdn.ampproject.org.

Wiese Bettina S. (2010). Mama startet durch: Karriere machen mit Kind, Zürich 2010.

6.4 Abkürzungsverzeichnis

ADEA	Age Discrimination in Employment Act
BAST	Bundesamt für Statistik
BLS	U.S. Bureau of Labor Statistics
GNHC	Gross National Happiness Commission
ILO	International Labor Organization
KI	Künstliche Intelligenz
RAV	Regionales Arbeitsvermittlungszentrum
SECO	Staatssekretariat für Wirtschaft
UNESCO	United Nations Educational Scientific and Cultural Organization

6.5 Tabellenverzeichnis

6.6 Abbildungsverzeichnis

6.7 Glossar

Aging Society/Alternde Gesellschaft
Unter einer Aging Society wird der Prozess beschrieben, in dem die ältere Bevölkerung proportional im Vergleich zur Gesamtbevölkerung zunimmt (ILO, 2022).

Altersdiskriminierung:
Eine Altersdiskriminierung besteht, falls eine Person aufgrund ihres Alters unterschiedlich behandelt wird (Equality Human Right Commission, 2022). Das Thema Altersdiskriminierung wurde in der schweizerischen Politik durch Claude Béglé mit dem Postulat 16.3153 initiiert, das jedoch durch den Nationalrat am 28.2.2018 abgelehnt wurde (Béglé Claude, 2018).

Arbeitslosigkeit bzw. Erwerbslosigkeit:
Das Bundesamt für Statistik (BFS) erhebt monatlich Daten zur Erwerbslosigkeit gemäss den Vorgaben der Internationalen Arbeitsorganisation (ILO). Als erwerbslos gilt, wer nicht erwerbstätig ist, aktiv auf Stellensuche und sofort verfügbar ist (SECO, 2022).

Babyboomer, Generation X, Y und Z
Die Babyboomer sind zwischen 1946 und 1964 (Pillenknick) geboren und zahlenmässig die grösste Generation in der Schweiz.
Die Generation X (1965–1979) folgt auf die Babyboomer. Das X wurde vorerst als leere Variable verwendet und wurde nach einem gleichnamigen Roman von Douglas Coupland (1991) ironischerweise mit dieser Generation in Verbindung gebracht.
Nach der Generation X folgt konsequenterweise die Generation Y (1980–1995). Das Synonym «Millenials» wird für diese Altersgruppe ebenfalls verwendet.
Die Personen, die nach der Mitte der Neunzigerjahre geboren wurden, werden als Generation Z (1996–2010) oder «Digital Natives» bezeichnet (UNICUM, 2022).

Dreistufenmodell
Das vorgestellte Dreistufenmodell basiert auf folgenden Stufen: Stufe I: Kritische Selbstreflexion; Stufe II: Prototypisierung der beruflichen Visionen; Stufe III: Umsetzung der beruflichen Visionen.

«encore»-Karriere
Eine «encore»-Karriere ist eine Karriere in der zweiten Hälfte des Berufslebens, welche Einkommen generieren, mehr persönliche Werthaltigkeit und Befriedigung bringen sowie Wirkung auf die Gesellschaft haben kann.

Flow
Der Begriff Flow wurde in den 1970er-Jahren durch den ungarisch-amerikanischen Psychologieprofessor Mihály Csíkszentmihályi geprägt. Es wird als ein starkes Glücksgefühl in intensiven Momenten des Lebens empfunden. Im Bewusstseinszustand des Flows ist, wer völlig in seiner Tätigkeit aufgeht und das Gefühl hat, dass alles stimmig ist (Csíkszentmihályi Mihály, 2014).

Formelle, nonformelle und informelle Aus- und Weiterbildung
Von einer formellen Bildung beziehungsweise Weiterbildung wird gesprochen, falls diese strukturiert, beabsichtigt und durch eine öffentliche oder anerkannte private Institution geplant und angeboten wird. Die formelle Bildung beinhaltet die eigentliche Ausbildung, Berufsbildung und teilweise auch die Erwachsenenbildung und führt zu einem anerkannten Diplom oder Zertifikat.
Die nonformelle Bildung ist eine Ergänzung zur formellen Ausbildung als Bestandteil des Life Long Learnings, und zwar unabhängig vom Alter. Gewöhnlicherweise ist die Aus- oder Weiterbildung von kurzer Dauer und wird als Workshop, Seminar oder Kurzkurs angeboten. Nonformelle Ausbildung führt üblicherweise nicht zu einem anerkannten Abschluss, sondern allenfalls zu einem Zertifikat.
Unter informeller Bildung wird die Aneignung von Wissen und Kompetenzen verstanden, die beispielsweise durch die Erledigung der beruflichen Tätigkeiten im Unternehmen, in einem ausserberuflichen Engagement, in einem Verein oder bei der Ausübung eines Hobbys entwickelt werden, also ausserhalb einer strukturierten Lernveranstaltung (UNESCO, 2022).

Glück/Happiness
Eine allgemeingültige und verbindliche Definition des Begriffs Glück existiert nicht. Momente des Glücks werden von jedem Einzelnen unterschiedlich wahrgenommen. Das vereinende Element bei Definitionen von Glück sind positiv ausgelöste Emotionen, wobei deren Ursachen unterschiedlich sein können. Glücksgefühle können unter anderem zeitliche, kulturelle, genderspezifische, situations- und zustandsbedingte Komponenten beinhalten.

Job, Karriere und Berufung
Die drei Begriffe Job, Beruf oder Karriere können nicht ganz eindeutig voneinander abgegrenzt werden. Der Job steht umgangssprachlich synonym für eine vorübergehende Beschäftigung, die das Geldverdienen in den Vordergrund stellt. Ansprüche wie Sinnhaftigkeit der Arbeit, Karriereentwicklungsmöglichkeiten, Branche, Unternehmen sind eher hintergründig relevant.
Karriere machen bedeutet, beruflichen Erfolg zu haben, um Anerkennung sowie einen höheren sozialen und wirtschaftlichen Status zu erlangen.
Unter Berufung wird das Einbringen der eigenen Persönlichkeit und Talente sowie ein tief empfundener Sinn für die geleistete Arbeit verstanden, wobei das Resultat Zufriedenheit, innere Freude und einen höheren Nutzen auslöst (Lang Ursula Maria, 2021).

Midwork-Krise (Synonym: Mid Career Crisis)
Die Midwork-Krise basiert auf einer Sinnkrise und betrifft viele Personen zwischen 40 und 55 Jahren, und zwar meist unabhängig des beruflichen Erfolgs, des Geschlechts, des Bildungshintergrundes, des familiären Status, des Einkommens/Vermögens, oder der Lebensumstände.

New Placement (Synonym: Out Placement)
New Placement und Outplacement werden oftmals als synonyme Begriffe verwendet, wobei das New Placement zukunftsorientiert und positiv konnotiert ist. Der ausscheidende Arbeitnehmer wird bei der Stellensuche begleitet, damit er seine Karriere bei einem neuen Unternehmen weiterführen kann.

New Work
New Work steht für einen grundsätzlichen Wandel in der Arbeitswelt. Es beinhaltet nicht nur neue, mobile Arbeitsmodelle, sondern stellt die Bedürfnisse der Angestellten ins Zentrum (in Übereinstimmung mit den übrigen Stakeholdern). Es bietet neue Möglichkeiten der Entwicklung von Kreativität und fördert das individuelle Engagement der Mitarbeitenden.

Quiet Quitting
Unter Quiet Quitting wird ein Arbeitsverhältnis verstanden, in dem der Arbeitnehmer lediglich die von ihm verlangte Arbeitsleistung erbringt, ohne dabei die Arbeitspflicht zu verletzen.

Start-up

Ein Start-up ist ein Jungunternehmen mit einer innovativen Geschäftsidee und hohem Wachstumspotenzial, wobei meist über wenig eigenes Startkapital verfügt wird.

Work Diary

Das Work Diary ist ein Dokument, in dem berufliche Tätigkeiten während einer definierten Zeitspanne aufgeschrieben und anschliessend evaluiert werden. Es wird zwischen einem reflektiven und einem vorwärts gerichteten Work Diary unterschieden.